广东省高职院校高水平专业群建设项目成果教材

职业院校"十四五"规划餐饮类专业创新技能型人才培养

新形态一体化系列教材

U0642151

刀工与冷拼技术

主　编　吴雄昌　刘　燕　谢剑锋

副主编　郑建中　林晓生　梁程辉　曾德生

参　编　（排名不分先后）

曾梅燕　廖端俊　杨锦冰　黄勇强

王育慧　何润琳　曾雨婷　刘县婷

苏晓琪　胡金铭　李婉玲　周光辉

华中科技大学出版社

http://press.hust.edu.cn

中国·武汉

内 容 简 介

本书主要分为两大模块：刀工基础和冷拼技术。刀工基础模块包含 7 个项目，26 个任务；冷拼技术模块则涵盖 2 个项目，22 个任务。本书采用图文并茂的方式，辅以视频，对每个实训任务进行分步骤的详细阐释，旨在帮助学生更好地阅读和理解。

本书不仅适用于餐饮类专业的学生，也适合餐饮行业的从业者以及对烹饪艺术感兴趣的爱好者阅读。

图书在版编目（CIP）数据

刀工与冷拼技术 / 吴雄昌，刘燕，谢剑锋主编. —— 武汉：华中科技大学出版社，2024.12.

ISBN 978-7-5772-1355-2

Ⅰ. TS972.11

中国国家版本馆CIP数据核字第2024X0U969号

刀工与冷拼技术
Daogong yu Lengpin Jishu

吴雄昌　　刘燕　　谢剑锋　主编

策划编辑：汪飒婷

责任编辑：汪飒婷　　刘　竣

封面设计：金　金

责任校对：张会军

责任监印：周治超

出版发行：华中科技大学出版社（中国·武汉）　　电话：（027）81321913

地　　址：武汉市东湖新技术开发区华工科技园　　邮编：430223

录　　排：华中科技大学惠友文印中心

印　　刷：武汉科源印刷设计有限公司

开　　本：889 mm × 1194 mm　1/16

印　　张：9.5

字　　数：268千字

版　　次：2024年12月第1版第1次印刷

定　　价：49.80元

投稿邮箱：3325986274@qq.com

本书若有印装质量问题，请向出版社营销中心调换

全国免费服务热线：400-6679-118　竭诚为您服务

随着国家对职业教育改革的深入推进，相关课程的改革变得刻不容缓。为了提升课程的科学性和实用性，提高教学质量，改进教学方法，本书的编写团队针对市场需求，致力于强化烹饪专业学生的刀工基础、冷拼技能以及创新能力，以满足烹饪行业对专业人才的紧迫需求。为此，编写团队广泛参考了众多已出版的相关教材，并紧密贴合烹饪专业学生的实际操作需求编写了本书。

本书遵循以烹饪专业人才培养目标为核心，以职业技能标准为衔接，以课程体系与课程标准为关键，以教材开发为归宿的指导原则，针对烹饪专业学生的特点，依据烹饪专业"1+X"职业技能等级证书的标准，紧密贴合全国职业院校技能大赛的规则，将中餐烹饪岗位所需的基础知识与基本技能融入典型操作实例中。本书以训练任务作为学习载体，提倡在实践中学习，在学习中实践，旨在提升学生的自主学习能力，激发学生的创新思维，引导学生触类旁通，从而培养其适应行业持续发展的创新能力。

本书分为刀工基础和冷拼技术两大模块，刀工基础模块共7个项目，26个任务；冷拼技术模块共2个项目，22个任务。本书具有以下显著特点。

1. 教材形式的创新与多样化 针对餐饮职业院校学生的需求，我们致力于教材形态的革新。结合行业标准，我们汇集了行业大师和一线骨干教师的智慧，依据典型的职业工作任务，精心设计并开发了科学严谨、深入浅出、图文并茂且具有多维、立体特征的新型活页式、融媒体教材，以满足教育与学习不断变化的需求。

2. 紧跟教育改革步伐，深度融合思政教育 "三教"改革中教材是基础，本书在编写上实现了对传统学科界限与知识本位观的突破性跨越，创新性地融合了刀工技艺的基础与冷拼艺术的审美追求，构建起一个集技能与美学于一体的学习体系，以工作过程为导向，以真实生产项目、典型工作任务、案例等为载体组织教学任务，注重吸收行业新技术、新工艺、新规范，突出应用性与实践性，同时加强思政元素的挖掘，有机融入思政教育内容，对学生进行世界观、人生观、价值观的引导和塑造，坚定其文化自信，培育其工匠精神。

3. 立体直观，便于学习 本书融合了丰富的多媒体元素、灵活的活页设计以及全彩印刷，确保了制作步骤的每个环节都配有清晰的彩色图片和微课程。读者仅需使用手机扫描二维码，便能观看到完整的任务制作流程，这种立体直观的方式极大地提升了学习的便利性。

本书出版得到了广东省第一批省高职院校高水平专业群（旅游管理专业群）建设项目的经费支持（立项编号：GSPZYQ2020143），也是共青团广东省委2024年度"攀登计划"（项目编号：pdjh2024b650）阶段性成果之一。

　　本书由河源职业技术学院吴雄昌、刘燕、谢剑锋担任主编。参加编写的人员分工如下：模块一刀工基础部分：刘燕编写项目一；河源理工学校梁程辉编写项目二；深圳市深德高级技工学校林晓生、周光辉编写项目三、四、七；河源市龙川县技工学校曾德生编写项目五；谢剑锋编写项目六。模块二冷拼技术部分：汕尾职业技术学院廖端俊编写项目一；吴雄昌、佛山高明技师学院郑建中、惠州市仲恺技工学校曾梅燕编写项目二。河源职业技术学院王育慧、黄勇强、杨锦冰、何润琳、曾雨婷、苏晓琪，江门市第一职业技术学校胡金铭、大埔县田家炳高级职业学校李婉玲、河源市博爱学校刘县婷参与了部分视频与图片的拍摄工作，并协助进行了资料的收集与整理。全书由吴雄昌统稿。

　　在本书的编写过程中，我们有幸得到了来自行业专家及一线教师的宝贵指导与大力支持。同时，我们也广泛借鉴了大量国内已出版的相关资料。对此，我们向相关作者致以诚挚的谢意。

　　由于时间有限，书中难免存在一些疏漏和不足。我们诚恳地请求各位专家、同仁以及广大读者提出批评和指正，以便我们能够持续地对作品进行修订和完善。

编　者

目录

模块一 刀工基础   1

项目一 刀工概述   3
  任务一 了解刀工的意义和作用   3
  任务二 熟悉刀工的基本要求   4

项目二 刀具和砧板的种类、使用与保养   6
  任务一 认识刀具   6
  任务二 磨刀   8
  任务三 砧板的选择与保养   11
  任务四 刀工操作姿势及要求   13

项目三 直刀法   16
  任务一 切法   16
  任务二 剁法   24
  任务三 斩法   25

项目四 平刀法   31
  任务一 平片法   31
  任务二 推片法   33
  任务三 拉片法   35
  任务四 推拉片法   37
  任务五 滚料片法   38

项目五 斜刀法   42
  任务一 正斜刀法   42
  任务二 反斜刀法   44

项目六　混合刀法　　46

　　任务一　剞刀法　　46

　　任务二　麦穗刀法　　48

　　任务三　菊花刀法　　49

　　任务四　松鼠刀法　　50

项目七　原料成形　　53

　　任务一　块　　53

　　任务二　片　　58

　　任务三　丝　　65

　　任务四　球　　70

　　任务五　料头花　　76

　　任务六　丁、粒、松　　80

模块二　冷拼技术　　83

项目一　冷拼基础知识　　85

　　任务一　冷拼概述　　85

　　任务二　冷拼制作方法　　90

项目二　冷拼制作实训　　95

　　任务一　蓑衣黄瓜　　95

　　任务二　蓬形胡萝卜　　97

　　任务三　菱形花　　98

　　任务四　单色拼盘　　100

　　任务五　双色拼盘　　101

　　任务六　扇形双拼　　103

　　任务七　春韵　　105

　　任务八　夏景　　107

　　任务九　秋收　　109

　　任务十　冬笋　　111

　　任务十一　荷叶　　113

　　任务十二　寿桃　　115

任务十三　喜鹊　　　　　　　　　　　　　　　　　117

任务十四　蝶恋花　　　　　　　　　　　　　　　　119

任务十五　荷塘静池　　　　　　　　　　　　　　　122

任务十六　花开四季　　　　　　　　　　　　　　　124

任务十七　骏马奔腾　　　　　　　　　　　　　　　127

任务十八　岭南醒狮　　　　　　　　　　　　　　　129

任务十九　春临大地　　　　　　　　　　　　　　　132

任务二十　锦绣中华　　　　　　　　　　　　　　　134

主要参考文献　　　　　　　　　　　　　　　　　137

模块一

刀工基础

刀工概述

扫码看课件

知识目标

（1）了解刀工在中式烹饪体系里的关键地位与深远意义，理解其与调味、火候协同构建烹饪核心环节的原理。

（2）掌握刀工对菜肴色、香、味、形以及卫生、营养等多方面产生影响的内在机制与具体作用路径。

（3）熟悉刀工处理在适应烹调方法、保障原料规格、依据质地施刀、塑造美观形态、搭配主辅料形状、合理利用原料以及遵循卫生营养要求等方面的详细准则与要点。

能力目标

（1）能够依据原料特性与不同菜肴的烹调需求，熟练且精准地运用各类刀工技法对原料进行恰当处理。

（2）能够设计并完成一道菜肴从原料到成品过程中所有涉及刀工处理的环节。

（3）能够根据刀工处理效果对菜肴品质进行预判与调整。

思政目标

（1）培养学生对传承传统烹饪技艺的责任感，让学生认识到刀工在中式烹饪中的重要地位，以及它所蕴含的历史文化价值和技艺传承的重要性。

（2）培养学生追求卓越、注重细节的工匠精神，让学生在刀工的练习与实践中追求高品质，从而养成良好的职业素养。

（3）加强学生的节约意识和环保意识，通过合理运用刀工技巧，减少原料浪费，理解并重视烹饪过程中的资源节约和环境保护，并将这种意识融入烹饪实践和职业理念。

任务一　了解刀工的意义和作用

刀工是指运用刀具对食物进行切割处理的技艺。刀工是中式烹饪的核心技术之一，与火候、调味并列为烹饪三要素。中国烹饪十大技术理论之一是"刀为之要"，即刀工在烹饪中所处地位至关重要。我国厨师历来对刀工极为重视，经过长期的实践创造出很多精巧的刀工技法，积累了丰富而宝贵的经验。

一、刀工的意义

烹饪原料需要先经过初加工，然后再做进一步的刀工处理才能进行烹制。有的原料经初步烹制后还是半成品，在食用前必须再进行加工处理成合适的形状，这些都必须通过刀工技术来实现。

从整个烹饪过程来说，刀工、火候、调味是三个重要的环节，它们互相配合，互相促进。如果刀工不合规格、形态不一、厚薄不匀，就会使原料在烹饪中出现味道不均、生熟不一的情况。

我国菜肴讲究色、香、味、形，其中菜肴的形、味与刀工有着密切的关系。随着烹饪技艺的发展，消费水平的提高，人们对刀工的要求已不只是改变原料的形状，而是进一步要求能美化成品。所以，刀工不仅具有很强的技术性，而且还有很高的艺术性。

二、刀工的作用

刀工技术不仅决定原料的最后形态，而且对菜肴制成后的色、香、味、形等方面都起着重要的作用。刀工的作用主要有以下几点。

1. 便于入味

调味料扩散、吸附的量与原料的料形有关，料形越小，调味料扩散、吸附的量越多，原料入味的程度越好。蓉泥状的原料最易入味，长、丝、条状的原料次之，大块的原料较难入味，所以我们在制作蓉泥状的菜肴或长、丝、条状的菜肴时，不需要太长的烹调时间，就能达到入味的目的，而大块或整只的原料则需要较长的时间才能入味。料形小的原料适用于爆炒类的菜肴，大块原料适用于炖、焖类的菜肴就是这个原因。有时为了成形的需要，直接将大块或整只的原料进行烹制，但这类菜肴必须经过两道工序以利于原料的入味。

2. 便于去除异味

刀工处理对一般新鲜的、无异味的原料来说，可以帮助入味；对含有一些异味的原料来说，有帮助去除异味的作用。如新鲜的冬笋中含有一定的苦涩味，烹调前需将其去除。整支的新鲜冬笋不利于苦涩味的去除，必须经过改刀处理。在对冬笋改刀时，一般不用直刀切的方法，而是先切一个刀口，再用刀掰开，使切面毛糙而疏松，这样既便于苦涩味的去除，也利于调味料的吸附。如果直接用刀一切到底，由于冬笋质地较紧，若切面光滑且紧实，则不利于去除苦涩味，也不利于吸附调味料。另外，在对鸡肉、鸭肉进行焯水处理时，需在肉厚的部位戳一些孔，这样做的目的不是为了入味，而是为了将肉中的腥臊异味彻底去除。

3. 便于成熟

大块或整只的原料经刀工处理后，受热面积会增加，内部传热时间缩短加快了原料的成熟速度，同时还能保持原料在受热过程中内外成熟度一致。大型的原料在短时间加热中容易出现外熟内生的现象，改刀成小片或小块后，原料受热均匀，可保证菜肴的质量。

4. 美化菜肴

刀工技法能将各种不同形状的原料加工得整齐美观。各种原料形状规格一致、长短相等、粗细均匀、厚薄一致，看上去清爽利落，诱人食欲。刀工技法更是花色菜肴的主要手法，植物原料的花刀技法、动物原料的花刀技法都是通过刀工来实现的。

任务二　熟悉刀工的基本要求

刀工是烹饪工艺的重要组成部分。原料在烹饪前必须经过特定的刀工处理，使其具有各种形状，如丁、丝、片、块等。有时对已烹制成熟的菜肴也需要进行适当的刀工处理以便于食用。

一、刀工处理要求

1. 适应烹饪的需要

由于菜肴有多种烹饪方法，这就要求原料的形状也要适应烹饪方法的需要。因此，烹饪前要用不同的刀法对原料进行刀工处理。

2. 规格整齐、均匀

原料经刀工处理后，不论是丁、丝、片、块、条、粒、颗等形状，都应做到粗细均匀、长短相等、厚薄一致、大小相称。丝与丝、丁与丁、片与片、条与条、块与块、粒与粒、颗与颗之间要互不牵连、截然断开。

用刀前应确保刀刃无缺口，且随时保持锋利。原料经刀工处理时需注意墩面要平整，切忌凹凸不平。落刀时用力要均匀，切勿前重后轻，先用力后松劲。

3. 掌握原料质地，因料而异

烹饪原料有老、嫩、软、硬、脆、韧之分，有带骨、无骨、肉多骨少或骨多肉少之别。在刀工处理时，应根据原料质地的不同运用不同的刀法处理。

4. 原料形式美观

同一原料，运用不同的刀法加工成不同的形状，就会使菜肴形式多样。在不影响烹饪效果的前提条件下应讲究原料形式美观。

5. 同一菜肴中各种原料间形状的配合

每种菜肴基本由主料与辅料配合组成。进行刀工处理时，辅料形状应服从主料形状，并以加工成同一形状为宜，而且辅料应略小于主料。

6. 合理使用原料

合理使用原料是整个烹饪工艺过程中的一个重要原则。刀工在这一原则的贯彻中更具有重要意义。在刀工处理时，必须注意计划用料，量材使用，做到大材大用，小材小用，落刀成材，综合利用，物尽其用。

7. 符合卫生要求，力求保持营养

对原料要做到清洁卫生，生熟隔离，不污染，不串味；保持原料的营养素，避免因加工不当而丢失。

二、任务思考

（1）如何理解刀工在烹饪中的重要性？
（2）如何根据不同的烹饪方法选择合适的原料形状？
（3）如何保持刀工处理后的原料形式美观？

刀具和砧板的种类、使用与保养

知识目标

（1）了解刀具和砧板的种类、使用及保养方法。

（2）了解磨刀石的种类及用途。

（3）了解刀工操作姿势及要求。

能力目标

（1）能够根据不同刀具选择不同的磨刀石。

（2）熟练掌握磨刀和砧板保养的方法。

（3）掌握刀工操作姿势及要求。

思政目标

（1）培养学生精益求精的态度，追求刀工完美，在学习实践中力求卓越。

（2）增强学生文化传承意识，了解刀工历史，弘扬中华传统烹饪文化。

（3）强化学生安全规范意识，遵守刀工操作安全标准和操作要求。

任务一　认识刀具

一、刀工的历史渊源

刀工，也称为刀功，是厨师必须具备的基本技能之一。刀工的历史渊源可以追溯到古代中国的烹饪文化。在古代中国，烹饪是一项非常重要的技艺，因为人们需要通过烹饪来保存食物、增加食物的口感和营养价值。在这个过程中，刀工逐渐成了烹饪中不可或缺的一部分。

据历史记载，早在商周时期，中国就已经有了使用刀具进行烹饪的记录。随着时间的推移，刀具的种类不断增加，制作材料不断改进，刀工技术也逐渐得到了提高。到了唐宋时期，烹饪技艺得到了极大的发展，刀工技术也随之不断提高。当时的厨师们已经能够熟练地掌握各种刀法，如切、片、剁、劈等，使得烹饪出的菜肴更加美味可口。明清时期，随着中国饮食文化的不断发展，刀工技术更是得到了极大的提升。当时的厨师们不仅掌握了各种刀法，还能够根据不同的食材和烹饪方法，灵活地运用刀工技术，使得菜肴的色、香、味、形都得到了极大的提升。

如今，无论是家庭厨房还是专业餐厅，厨师们都需要掌握熟练的刀工技术，才能够烹饪出美味可口的菜肴。同时，刀工技术也成了评判一个厨师技艺水平的重要标准之一。

二、刀具的种类

厨刀的重要性早在古代中国人们已有认知，古文描述：夫厨刀，庖宰用以切割之利器。刀若不利，其割不正，则鲜不能出、味不能入、镬气不能足。故子曰："割不正，不食。"著名的庖丁解牛必然少不了一把锋利的好刀。

世界上主要有三大厨刀系：中式厨刀、西洋厨刀和日式厨刀，材质一般使用不锈钢。中式厨刀分为片刀、斩刀及前批后斩刀（文武刀）三种。

1. 片刀

片刀，也称桑刀。刀身较薄，刃口锋利，体积较小，重量较轻，是使用频率非常高的一种刀具。其主要功能是对肉、禽、鱼、蔬菜等生熟食品进行切片、切段、切丝等工作。

2. 斩刀

斩刀，也称砍刀，即斩骨刀。顾名思义，用途为斩骨。斩刀比片刀厚重，开刃角度较大，适合砍骨头和硬物，不求锋利，但求坚固。挑选时要选结实的刀柄类型，刀柄一旦松动则不可再使用。剁砍的时候要保证骨头放平稳，运力的方向一定要与刀的平面重合。

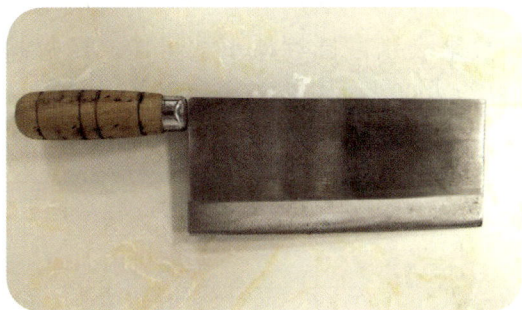

3. 前批后斩刀

前批后斩刀，也称前切后斩刀、文武刀。体积重量介于斩刀和片刀之间，刀身前薄后厚，兼具批刀和斩刀的功能。刀刃前段（约 60%）稍微尖锐些、薄一点，比较锋利，适宜切菜、切肉；刀刃后段（约 40%）稍微厚一点，适宜斩骨头。

三、任务思考

（1）三种中式厨刀各有何特点？

（2）三种中式厨刀适用于加工哪些原料？试举例说明。

任务二　磨刀

"工欲善其事，必先利其器"，这句话用在磨菜刀上正好，一把磨好的菜刀，不仅做起事来得心应手，切出的菜也是干净利落，形态美观，省力且刀工有保障。磨刀，是厨师必备的基本功之一。

一、磨刀的工具

磨刀石是磨刀的工具，一般分为天然磨刀石和人工磨刀石，天然磨刀石又分为水磨石和油石。市面上粗磨和细磨二合一的磨刀石主要材质是黄沙和清沙，粗磨是用来开刃和修复缺口的，细磨是用来将刀刃磨锋利的。还有一种是用金刚砂人工合成的，也叫油石，既可以用来增加刀刃的锋利度，也可以用来精磨抛光。

磨刀石的粗细一般用目数来表示，目数越小越粗糙，目数越大越细腻。一般粗磨选用240～1000目，细磨选用1500～4000目，精磨选用5000～10000目。

目数	作用
240～1000	粗磨开刃，修复大缺口
1500～4000	细磨巩固刀锋，去毛边，修复小缺口
5000～10000	精磨抛光，磨镜面

二、磨刀的方法和步骤

（一）磨刀的方法

磨刀一般有三种方式，分别是横磨、竖磨和斜磨，这三种方式各有优缺点，而且磨出来的效果也不一样。

1. 横磨

横磨，把刀横向在磨刀石上磨，这种磨刀方式口诀是"前三后四带中间"，刀前端磨三下，后端磨四下，中间只需要前后磨转换时带一下即可。横磨时刀身会产生与刀口垂直的纹路，称为纵纹。

横磨的优点是刀的锋利度、耐用性、强度最佳；缺点是磨刀所需时间较长，适合有磨刀经验的人使用。

2. 竖磨

竖磨，跟横磨相反，把刀竖向在磨刀石前后来回磨，这种方法较常用，不需要什么技巧，只需要掌握好刀与磨刀石的角度（不高于10°）即可。竖磨时刀身会形成横刀纹。竖磨方法简单，在酒店厨房中一般只用来开刃、修复缺口等，或平时轻微磨两下。

竖磨的优点是方便，不需要过多技巧就可以掌握；缺点是容易磨平刀刃弧线以及卷刃，还容易损坏磨刀石，且刀磨好后不耐用。

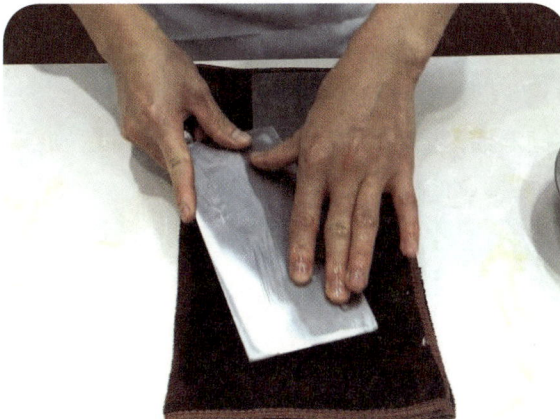

3. 斜磨

斜磨，把刀在磨刀石上斜着角度磨，也可先横磨再斜磨，或先竖磨再斜磨两种方式结合。斜磨的技巧跟横磨一样，只是一个横着，一个斜着，仅角度不同。斜磨时刀身会形成交叉网纹。

斜磨的优点是刀的锋利度、耐用性、强度较佳，仅次于横磨，而且不易卷刃，适合初学者使用。

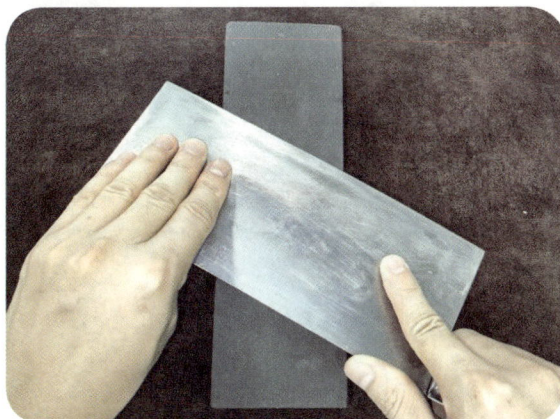

（二）磨刀的步骤

（1）准备磨刀石。把粗细合一的磨刀石先放入水中浸泡 15 min，主要目的是让磨刀石吸水，磨的时候不易损坏刀刃和磨刀石。另外，备好一盆水，毛巾平铺，然后放上磨刀石，以免磨刀石滑动伤到手。

（2）磨刀动作姿势。磨刀时双脚一前一后站稳或自然张开，身体略向前倾，右手持刀，左手按稳刀面的前端部分，刀口向外，紧贴在磨刀石上，刀与磨刀石的角度不要超过 10°，以 5° 为佳。

（3）磨刀过程及检查。磨刀时保持固定角度进行推拉磨刀，当磨刀石起砂浆时，应在磨刀石或刀刃处洒上水，磨刀力度要均匀、柔和，刀的两面、前后都要均匀地磨到。在磨刀的过程中将刀刃朝上，迎着光线观察刀刃，刀刃上看不见白边，表示刀已磨好；也可用手指轻刮刀刃，检查是否锋利，阻力越大则刀越锋利，反之则继续磨刀。

（4）精磨。经过粗磨的刀，可以用目数更高、更细腻的磨刀石继续打磨刀具，直接将刀磨至锋利，最后洗净并擦干水分。

三、刀具的保养

刀具保养时应做到以下几点。

（1）每次使用刀具后要及时清洗。最好使用温水或肥皂水洗，然后用干燥的布或毛巾擦干。避免将刀具长时间浸泡在水中，尤其是在含有清洁剂或酸性物质的水中，以防止刀刃生锈或腐蚀。

（2）避免将刀具暴露在潮湿或高温的环境中，以防止刀刃生锈或变形。将刀具放在干燥、通风、阴凉的地方，例如刀架或刀柜里。

（3）使用专用的磨刀工具定期磨刀。一般每周或每月磨一次刀。磨刀时要注意保持正确的角度和力度，避免过度磨损刀刃。

（4）在使用刀具时，要遵循正确的操作方法。例如，使用适当的力度和角度切割食材，避免使用过大的力度，以防止刀刃磨损或断裂。

（5）如果长时间不使用刀具，可以涂抹一层防锈油或食用油，以防止刀刃生锈。在涂抹油之前，要确保刀具已经彻底清洗干净并完全干燥。

正确的保养方法是保持厨刀锋利和延长使用寿命的关键。应遵循上述建议并定期对刀具进行维护和保养。

四、任务分析

1. 器具准备

双面磨刀石、片刀、水盆、毛巾。

2. 训练流程

准备水盆→磨刀石泡水→摆放磨刀石，底部垫上毛巾→右手持刀→刀斜放在磨刀石上→磨刀→检查刀刃锋利度。

3. 训练要领

（1）磨刀时身体稍微前倾，双手用力要均匀、柔和。

（2）刀与磨刀石的夹角保持在 5° 左右，夹角不宜过大。

（3）磨刀时若磨起砂浆，则往磨刀石或刀刃处洒上水，保持磨刀石表面湿润。

（4）磨刀时要定时翻转，使刀两面磨的次数趋于一致。

五、任务实施

（1）教师示范，操作步骤如图所示。

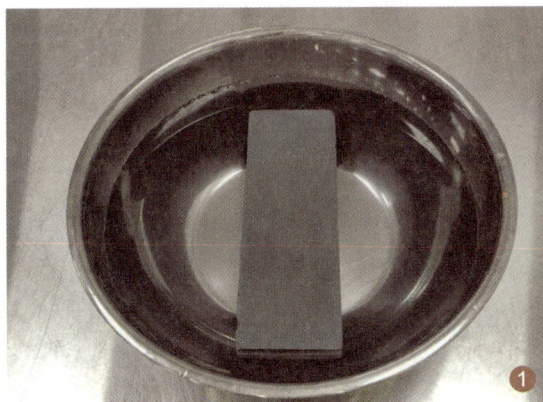
磨刀石泡水

器具准备

磨刀

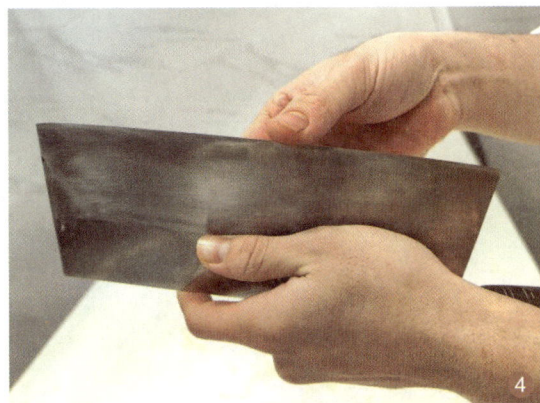
检查刀刃锋利度

磨刀
视频

（2）学生根据教师示范步骤和教学要求，完成实训任务。

六、任务思考

（1）为什么磨刀前要将磨刀石泡水？

（2）简述磨刀石的种类及作用。

任务三 砧板的选择与保养

一、砧板的选择

1. 木质砧板

木质砧板是一种常见的砧板，通常由橡木、枫木、胡桃木等木材制成。木质砧板的优点是手感舒适，使用起来比较方便。但木质砧板容易受到水分和湿度的影响，滋生细菌和产生异味。此外，木质砧板也容易出现磨损，使用寿命相对较短。

2. 塑料砧板

塑料砧板是一种轻便、不易碎裂的砧板，通常由聚乙烯、聚丙烯等材料制成。塑料砧板的优点是易于清洗、不易滋生细菌、使用寿命较长。但塑料砧板比较硬，使用起来不够舒适，而且不适合用于处理一些较为坚硬的食材。

3. 竹砧板

竹砧板是一种环保、健康的砧板，通常由竹子制成。竹砧板的优点是环保、不易滋生细菌、使用寿命长。但竹砧板比较轻，使用起来不够方便，而且不适合用于处理一些较为坚硬的食材。

4. 不锈钢砧板

不锈钢砧板是一种耐用、易清洗的砧板，通常由不锈钢材料制成。不锈钢砧板的优点是耐用、不易滋生细菌、易于清洗、使用寿命长。但不锈钢砧板比较硬，使用起来不够舒适，而且价格相对较高。

二、砧板的保养

1.砧板材质的选择及注意事项

在选择砧板时，应根据工作的需求和使用习惯来选择合适的材质和款式。无论选择哪种材质的砧板，都需要注意及时清洗和保养，以保证其卫生和使用寿命。

要延长砧板的寿命，在使用砧板时应该注意以下几点。

（1）将砧板放置在干燥通风的地方，避免阳光直射，以免引起砧板开裂。

（2）在使用砧板时，应注意卫生，避免使用脏污的手污染砧板。

（3）切忌使用开水或滚烫的油烫砧板，以免引起变形或开裂。

（4）切菜时应该使用专用的切菜刀，避免使用不合适的刀具引起砧板起毛或裂开；不要将蔬菜、鱼、肉等食材长时间放置在砧板上，以免滋生细菌污染砧板。

2.新砧板的保养

新砧板的保养非常重要，保养的好坏直接影响到砧板的寿命和卫生状况，以下是新砧板的几种保养方法。

（1）清洁保养：在使用完砧板后，应该用清水冲洗干净。有食物残渣或污垢时，可以使用适量的洗洁精清洗，然后用清水冲洗干净，最后用干净的布擦干即可。

（2）定期上油：新砧板在使用一段时间后，表面会失去光泽，纹理也会变得不明显。这时可以定期在表面涂抹适量的食用油或橄榄油，用干净的布擦拭均匀即可。这样可以保持砧板的湿度和光泽度，防止开裂和老化。

（3）合理存放：在使用完砧板后，将其垂直放置在干燥通风的地方，避免与其他杂物摩擦产生划痕。在砧板下面垫上几块小木板，以增加缓冲和防潮。另外，为了保持砧板的弹性，可以定期翻转砧板的使用方向。

三、任务思考

（1）砧板的保养方法有哪些？

（2）如何选择合适的砧板？

任务四　刀工操作姿势及要求

一、刀工操作姿势

在进行刀工操作时，操作者双脚自然站立，身体与砧板保持适当的距离，上身略向前倾，前胸稍挺，避免弯腰弓背，两眼应注视砧板上两手操作的部位。右手握刀时，拇指与食指捏住刀箍，全手掌握好刀柄。左手控制原料，确保原料平稳、不滑动，以便于落刀。握刀的手腕应灵活有力，砧板的放置高度应适合自身的高低，以便于操作。

二、放刀与携刀标准

在厨房中，放刀与携刀标准应以安全为首要考虑，同时兼顾效率和便利性。通过遵循这些标准，可以减少厨房工作中潜在的安全风险，确保工作人员和他人的安全。

刀具使用完后，应将刀刃朝外，横放在砧板中央，刀刃及刀柄均不能露出砧板之外。避免将刀直接剁进砧板，这样既伤刀刃，又伤砧板。携刀时，应将刀柄朝下，刀刃朝后，紧握住刀柄并紧贴大腿一侧。切忌刀刃朝前，以免误伤他人。

三、基本要求

（1）适应烹调的需要，将原料切成适当的形状和大小。
（2）规格要整齐均匀，切出的原料应形状一致，大小相同。
（3）掌握原料的质地，因料而异，对于不同的原料采用不同的切割方法。
（4）原料的形式要美观，切出的原料既符合烹调要求，又具有美感。
（5）在同一菜肴中，各种原料间的形状应相互配合，使菜肴整体看起来更加协调。
（6）要合理使用原料，避免浪费，尽量使每一部分原料都得到充分利用。

掌握了刀工操作姿势及要求可以提高刀工的效率和菜肴的质量。在实际操作时，还需要不断练习和摸索，以逐渐提高刀工水平。

四、任务分析

1. 器具准备

砧板、片刀、盛器、胡萝卜。

2. 工艺流程

刀放在砧板上→双脚自然站立，身体保持直立→器具准备→左手扶料，右手持刀，加工原料→原料成形，器具归位。

3. 训练要领

初学者训练时应严格按照要求进行操作，按标准做好每一个动作，养成良好的操作习惯，掌握身体的协调性，并进一步掌握刀工技能。

五、任务实施

（1）教师示范，操作步骤如图所示。

标准站姿

器具准备

左手扶料，右手持刀，加工原料

原料成形，器具归位

刀工操作
姿式视频

（2）学生根据教师示范步骤和教学要求，完成实训任务。

六、任务思考

（1）刀工处理的基本要求是什么？

（2）刀工训练的操作要领是什么？

直刀法

知识目标

（1）了解直刀法的定义、分类及其特点与适用场景。

（2）掌握直刀法操作时对刀具的选择与保养要求。

（3）理解直刀法在中式烹饪中与其他烹饪要素（如调味、火候、食材特性等）的相互关系。

能力目标

（1）能够熟练运用直刀法中的各种技法，根据不同食材（如肉类、蔬菜、瓜果等）的质地和烹饪要求，将原料精准地加工成需要的形状（如丁、丝、片、块、段等），且形状规格整齐均匀。

（2）能够灵活调整直刀法的操作力度、频率与角度，以应对不同形状、大小和质地原料的加工需求。

（3）具备根据菜肴设计和菜品创意，运用直刀法对原料进行创新性切割处理的能力。

思政目标

（1）培养学生对传承传统烹饪技艺的责任感，让学生认识到直刀法作为中式烹饪经典技法之一，蕴含着历代厨师的智慧和心血，是中华饮食文化的重要瑰宝之一，从而激发学生传承和弘扬中华优秀传统文化的使命感。

（2）引导学生树立严谨认真、精益求精的工匠精神，在直刀法的学习与实践过程中，注重每一次切割的精准度、每一个刀工细节的处理，追求卓越的技艺水平，培养学生耐心、专注、坚持的职业品质，为未来从事烹饪行业奠定坚实的职业道德基础。

（3）强化学生的团队合作与分享精神，在直刀法的练习和交流中，鼓励学生相互学习、相互帮助，共同探讨和解决在操作过程中遇到的问题，通过团队协作提高整体的刀工技能水平，同时促进学生在烹饪工作环境中形成良好的人际关系，培养良好的合作能力。

任务一　切法

切，是由上往下用力运刀的一种刀法。切时以腕力为主、小臂力为辅去运刀，适用于无骨、无冻等原料。根据操作过程中运刀方向的不同，切又分为直切、推切、拉切、推拉切、滚料切、铡切等。

子任务一　直切

一、任务知识

1. 直切的定义

直切是切配原料时，刀口朝下，刀背朝上，刀身向砧板平面做垂直运动的一种运刀方法。直切

Note

一般适用于质地脆嫩的植物性原料，如萝卜、土豆、竹笋、冬瓜等。

2. 练习方法

（1）持刀要稳，手腕灵活，用腕力带动小臂运动。

（2）左手按稳原料，手指自然弯曲呈弓形，中指第一关节抵住刀身，与其余手指配合，根据原料的规格，以蟹爬姿势不断退后，连续有节奏地移动，每次移动的间距应与原料成形的规格一致。

（3）右手握住刀具，刀身紧贴左手中指第一关节，随着左手移动，根据需要加工的原料规格移动，利用腕力垂直切下去，起刀时刀刃不应超过左手中指的第一个关节，刀身与砧板保持垂直。

二、任务分析

1. 原料准备

青萝卜。

2. 工艺流程

去皮洗净→修料→左手按稳→右手持刀→直接加工青萝卜→原料成形。

3. 训练要领

（1）刀距控制在 0.3 cm，两手配合要协调，行刀要稳健有力。

（2）右手控制刀身时，垂直下刀。

（3）直刀切青萝卜时，要用刀刃中前部进行切配。

（4）刀要等距地从右向左移动，否则青萝卜厚薄不均匀。

三、任务实施

（1）教师示范，操作步骤如图所示。

左手扶料，按稳

右手持刀，用刀刃中前部对准原料被切位置

刀垂直上下起落，将原料切断，反复直切

直切
视频

（2）学生根据教师示范步骤和教学要求，完成实训任务。

四、任务思考

（1）直切适用于哪些原料？

（2）如何挑选青萝卜？

子任务二　推切

一、任务知识

1. 推切的定义

推切是切配原料时，刀口朝下，刀背朝上，刀身向砧板平面从内向外推切下去，一刀推到底，着力点在刀刃中后端的一种运刀方法。推切一般适用于韧性较强的原料，如牛肉、羊肉等。

2. 练习方法

（1）持刀要稳，手腕灵活，用腕力带动小臂运动。

（2）从内向外推切下去，将原料切断，起刀时刀刃不应超过左手中指的第一个关节，刀身与砧板保持垂直。

（3）进刀时轻柔有力，下切刚劲，一刀到底，干净利落，刀前端开片，后端断料。每次移动的间距应与原料成形的规格一致。

二、任务分析

1. 原料准备

牛肉。

2. 工艺流程

选取洗净牛肉→左手按稳→右手持刀→推切加工牛肉→原料成形。

3. 训练要领

（1）牛肉要横着纹路进行改刀，大小、厚薄应符合菜肴的标准。

（2）左手按稳原料，右手控制刀身，垂直下刀，使刀刃从内向外推切下去。

（3）刀要等距地从右向左移动，否则牛肉厚薄不一致。

三、任务实施

（1）教师示范，操作步骤如图所示。

推切
视频

① 左手按稳原料，用中指第一关节抵住刀身

② 刀刃对准原料被切位置

刀自上而下，从内向外推切下去，将原料切断

（2）学生根据教师示范步骤和教学要求，完成实训任务。

四、任务思考

（1）牛肉切片、切丝应该是顺纹还是横纹？

（2）如何挑选牛肉？

子任务三　拉切

一、任务知识

1. 拉切的定义

拉切是切配原料时，刀口朝下，刀背朝上，刀身向砧板平面从外向里拉刀，以拉为主，着力点在刀刃前端的一种运刀方法。拉切一般适用于细嫩有韧性的原料，如肥肉、瘦肉、火腿、动物肝脏、鱼肉、大头菜等。

2. 练习方法

（1）刀刃与砧板呈垂直状态，将刀刃对着要切割的原料，垂直进刀。

（2）左手按稳原料，手指自然弯曲呈弓形，中指第一关节抵住刀身，与其余手指配合，每次移动的间距应与原料成形的规格一致。

（3）刀前端略低，刀后端略高，呈一定的角度，拉切时，进刀轻微向前推切一下，再向后下方一拉到底，即"虚推实拉"，将原料切断。

二、任务分析

1. 原料准备

猪肉。

2. 工艺流程

选取洗净猪肉→左手按稳→右手持刀→拉切加工猪肉→原料成形。

3. 训练要领

（1）猪肉先改刀成片，切码放整齐。

（2）两手配合要协调，右手持刀，拉切时，用刀轻微向前推切一下。

（3）刀至上而下，从外向里运动，用力将原料拉切断开。

（4）刀要等距地从右向左移动，否则猪肉丝粗细不均匀。

Note

三、任务实施

（1）教师示范，操作步骤如图所示。

右手持刀，左手按稳原料，用中指第一关节抵
住刀身，刀刃的后部对准原料被切位置

刀自上而下，从外向里运动，将原料拉切断开

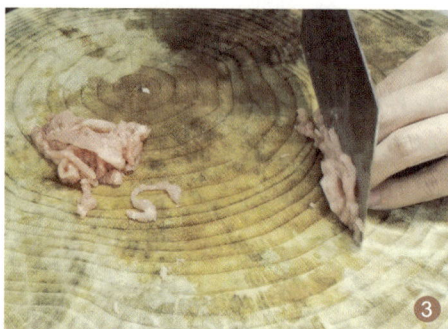

反复拉切，直至原料切完

（2）学生根据教师示范步骤和教学要求，完成实训任务。

四、任务思考

（1）拉切一般适用于什么原料？
（2）拉切是否可以在冷拼的原料加工中运用？

子任务四　推拉切

一、任务知识

1.推拉切的定义

推拉切也叫锯切，是切配原料时，前后来回推拉的一种运刀方法。推拉切一般适用于质地坚韧或松软易碎的原料，如带筋的瘦肉、熟火腿、熟牛肉、面包、卤水制作的动物原料等。

2.练习方法

（1）左手按稳原料，下刀时要求慢速切入原料，不能过快。
（2）持刀要稳，推拉切时，着力点前后交替，用力均匀。
（3）推拉一刀未断时不能移动原料，否则运刀会失去依托，影响原料成形。

二、任务分析

1.原料准备

猪肉。

2. 工艺流程

选取洗净猪肉→左手按稳→右手持刀→推拉切加工猪肉→原料成形。

3. 训练要领

（1）猪肉先改刀成片，切码放整齐。

（2）两手配合要协调，推拉时要均匀用力。

（3）右手控制刀身，垂直下刀，使刀刃由上至下、前后方向运动。

（4）刀要等距地从右向左移动，否则猪肉片厚薄不均匀。

三、任务实施

（1）教师示范，操作步骤如图所示。

左手按稳原料，右手持刀

先用推刀切的方法将原料断开

再用拉刀切的方法将原料断开

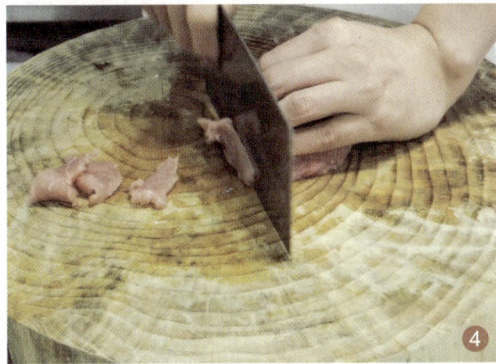

将推刀切和拉刀切的方法结合起来，反复进行

推拉切
视频

（2）学生根据教师示范步骤和教学要求，完成实训任务。

四、任务思考

（1）如何辨别注水猪肉？

（2）猪肉要怎么腌制才能保持嫩滑的口感？

子任务五　滚料切

一、任务知识

1. 滚料切的定义

滚料切是切配原料时，原料切一刀滚动一次的连续切的一种运刀方法。滚料切一般适用于质地脆嫩、体积较小的球状或圆柱形的植物性原料，如萝卜、土豆、黄瓜、茄子、莴苣、笋等。

2. 练习方法

（1）用左手手指控制原料的滚动，并按原料成形规格要求确定滚动角度，力求大小均匀。

（2）下刀的角度与运刀速度必须密切配合原料的滚动，准确下刀，注意原料的形状大小要一致，随时纠正偏差，两手动作要协调。

二、任务分析

1. 原料准备

土豆。

2. 工艺流程

选取洗净土豆→加工处理→左手按料→右手持刀→滚料切加工土豆→原料成形。

3. 训练要领

（1）土豆应按照成菜要求，改刀成适合滚料切的形状。

（2）两手配合要协调，行刀有力且刀要稳。

（3）滚料切土豆时，使用刀刃前半部分。

（4）刀要等距地从前向后移动，否则原料会大小不一致。

三、任务实施

（1）教师示范，操作步骤如图所示。

滚料切
视频

① 原料与刀保持一定斜度，
左手中指第一关节抵住刀身

② 刀刃对准原料被切位置，
运用推刀切或直刀切

③ 每切完一刀，便将原料滚动一次，再推刀切

④ 反复滚料切，直至原料被切完

（2）学生根据教师示范步骤和教学要求，完成实训任务。

四、任务思考

（1）滚料切一般用于哪些原料？

（2）肉类原料是否可以用滚料切的方式进行改刀？

子任务六 铡切

一、任务知识

1. 铡切的定义

铡切是切配原料时，右手握住刀柄，左手握住刀背的前端，两手平衡用力压切或左右两手交替用力，前后摇动压切的一种运刀方法。铡切一般适用于带壳、体型小、形圆易滑或带细小骨头的原料，如花椒、花生米、螃蟹、虾米、干辣椒等。

2. 练习方法

（1）左手按住刀背前端，右手握住刀柄，刀刃前部垂下，后部翘起，被切原料放在刀刃的中部。

（2）右手用力压切，再将刀刃前部翘起，接着左手用力压切。

（3）如此前后反复交替压切，直至原料切完为止。

二、任务分析

1. 原料准备

虾米。

2. 工艺流程

选取虾米→右手持刀→左手按住刀背前端→刀刃前部垂下，后部翘起，压切虾米→原料成形。

3. 训练要领

（1）两手配合要协调，行刀有力且刀要稳，动作要连贯。

（2）左、右两手交替用力，前后摇动压切，垂直下刀。

（3）铡切虾米时，要用刀刃中部进行压切。

三、任务实施

（1）教师示范，操作步骤如图所示。

左手按住刀背前端，右手握住刀柄

刀刃前部垂下，后部翘起

铡切
视频

右手用力压切，刀刃前部翘起

左手用力压切

（2）学生根据教师示范步骤和教学要求，完成实训任务。

四、任务思考

（1）铡切适用于哪些原料？

（2）为什么在某些情况下，使用铡切的效果比其他刀法更好？

任务二　剁法

一、任务知识

1. 剁的定义

剁，是指刀垂直向下，连续快速地斩碎或敲打原料的一种直刀法。剁一般适用于无骨韧性的原料，如无骨的猪肉、鸡肉、虾肉、鱼肉等，可将原料制成蓉状或末状，如虾蓉、肉末、鱼蓉等。为了提升工作效率，剁通常是左、右手持刀同时操作，这种剁法称为双刀剁，分为刀口剁和刀背剁两种。

2. 练习方法

（1）握刀要稳，运用腕力，保持垂直向下用力。

（2）提刀不宜过高，用力以刚好断开原料为准。

（3）有节奏地匀速运刀，同时左右上下来回移动，并适时翻动原料。

（4）原料加工前，最好先切成片、条、小粒或小块状，这样成形均匀，不粘连，效率高。

二、任务分析

1. 原料准备

猪肉。

2. 工艺流程

选取洗净猪肉→改刀切片、切条→左、右手持刀→匀速运刀剁肉→原料成形。

3. 训练要领

（1）肉料应先改刀切成片、条、小粒或小块状。

（2）双手握刀要稳，运用腕力，垂直向下用力剁，力度以刚好断开原料为宜。

（3）剁时要有节奏，左右上下来回移动，并适时翻动原料。

三、任务实施

（1）教师示范，操作步骤如图所示。

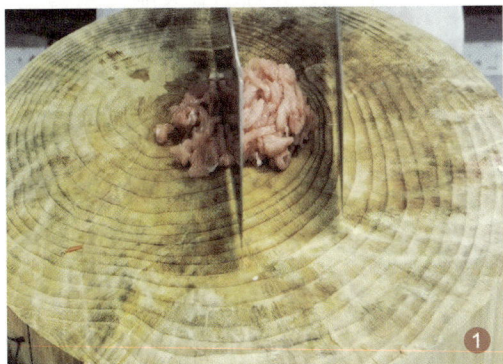

左、右两手各持一把刀，两刀之间要有一定间隔

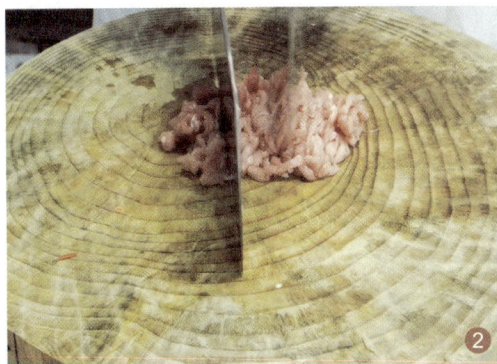

两刀一上一下、一左一右排剁

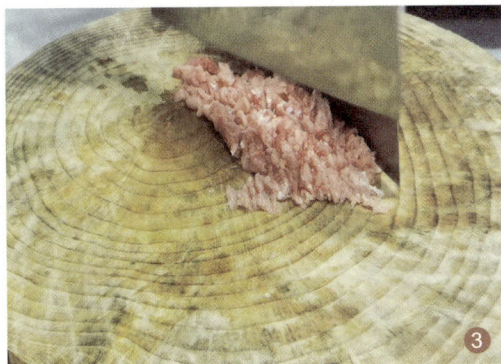

当原料剁到一定程度时，两刀各向反方向倾斜

用刀将原料铲起归堆，继续行刀排剁

剁法
视频

（2）学生根据教师示范步骤和教学要求，完成实训任务。

四、任务思考

（1）适合剁的原料有哪些？

（2）不同食材的剁法有什么不同？

任务三　斩法

斩，是指从原料上方垂直向下运刀，猛力断开原料的一种直刀法。根据运刀力量的大小和举刀高度，斩法可以分为斩和劈两种方法。斩和劈没有严格的区分，举刀较高的称为劈。

子任务一　直斩

一、任务知识

1. 直斩的定义

直斩，是指一刀斩下直接断料的刀法。直斩适用于带骨但骨质并不十分坚硬的原料，如鸡、鸭、鱼、排骨等。

2. 练习方法

（1）右手握稳刀，小臂用力，将刀提高与前胸平齐。

（2）运刀时看准位置，落刀准确利落，保证原料大小均匀。力量以一刀两断为准，不能复刀，复刀容易产生碎肉和碎骨，影响美观。

（3）在斩有骨的原料时，骨头部分贴向砧板，肉朝上，这样既容易断料，又能使原料成形美观。

二、任务分析

1.原料准备

鸡腿。

2.工艺流程

选取洗净的鸡腿→左手按稳鸡腿→右手持刀→对准待斩部位，直斩→原料成形。

3.训练要领

（1）将原料放平稳，右手握牢刀柄，左手在离落刀点稍远处扶稳原料，以防伤手。

（2）落刀准确利落，尽量不复刀，将原料一刀斩断。

（3）刀要等距地从右向左移动，否则原料成形会大小不均匀。

三、任务实施

（1）教师示范，操作步骤如图所示。

左手按稳原料，右手持刀　　　　用刀刃中部对准被斩部位　　　　一刀将原料斩断

（2）学生根据教师示范步骤和教学要求，完成实训任务。

四、任务思考

（1）如何保证直斩的力度和方向都是准确的？

（2）直斩时要注意哪些问题？

子任务二　拍斩

一、任务知识

1.拍斩的定义

拍斩，一般是指在原料所需要斩断的部位上，右手握住刀柄，高举左手用力拍刀背，从而用力将原料斩断的一种刀法。拍斩一般适用于圆形、体小而滑的原料，如鸡头、鸭头、鱼头等。

2.练习方法

（1）将原料洗净后，放置于砧板上。

（2）左手按稳原料，右手持刀，刀刃对准原料待斩部位。

（3）左手离开原料并举起，用掌心或掌跟拍击刀背，使原料断开。

直斩
视频

二、任务分析

1. 原料准备

鸭头。

2. 工艺流程

选取洗净的鸭头→左手按稳原料→右手持刀→左手掌心或掌跟拍击刀背→原料成形。

3. 训练要领

（1）原料要放平稳，用左手掌心或掌跟拍击刀背时要用力。

（2）若未能将原料一刀斩断，则应连续拍击刀背，直至原料完全断开为止。

三、任务实施

（1）教师示范，操作步骤如图所示。

右手持刀，刀刃对准原料被斩部位

左手离开原料并举起

用左手掌心或掌跟拍击刀背，使原料断开

（2）学生根据教师示范步骤和教学要求，完成实训任务。

四、任务思考

（1）拍斩在哪些菜肴或烹饪场景中应用较多？

（2）如何掌握拍斩的技巧？有哪些需要注意的细节？

子任务三　直刀劈

一、任务知识

1. 直刀劈的定义

直刀劈，是指将刀对准原料要劈的位置，用力向下直劈的刀法。直刀劈适用于体积较大的原料，如劈整只的猪头、猪骨、牛骨、火腿等。

2. 练习方法

（1）右手必须牢牢握紧刀柄，将刀对准原料要劈的位置直劈下去。

（2）用手腕之力持刀，将刀高举，与头部平齐，用臂膀之力劈原料。

（3）下刀要准、速度要快、力量要大，一刀劈断为好，如需第二刀，则必须劈在同一刀口。

（4）左手在离落刀点稍远处按稳原料。如原料不能按稳，则最好将手拿开，只用刀对准原料劈断即可。

二、任务分析

1. 原料准备

猪骨。

2. 工艺流程

选取洗净的猪骨→左手按稳猪骨→右手持刀→对准待劈部位，直劈→原料成形。

3. 训练要领

（1）将原料放平稳，右手握牢刀柄，左手在离落刀点稍远处按稳原料，以防伤手。

（2）落刀要有力、准确，尽量将原料一刀劈断。

三、任务实施

（1）教师示范，操作步骤如图所示。

直刀劈
视频

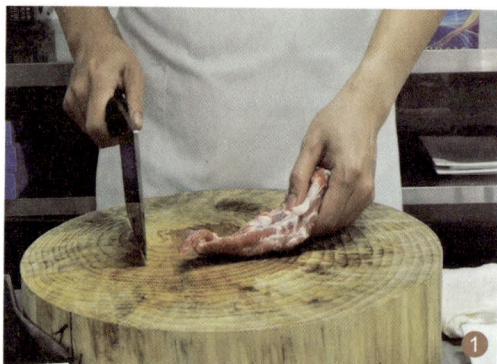
左手按稳原料，右手持刀，将刀举起

用刀刃中部对准被劈位置

一刀将原料劈断

（2）学生根据教师示范步骤和教学要求，完成实训任务。

四、任务思考

（1）直刀劈在操作过程中有哪些需要注意的问题?

（2）有哪些食材适合用直刀劈处理?

子任务四　跟刀劈

一、任务知识

1.跟刀劈的定义

跟刀劈，是指将刀刃先嵌入原料要劈的部位，刀与原料一齐提起落下，从而将原料斩断的一种刀法。跟刀劈一般适用于落刀点不易掌握、一次不易劈断但体积不大的原料，如猪肘、鸡腿、鱼头等。

2.练习方法

（1）将原料清洗干净后，放在砧板上。

（2）左手按稳原料，右手持刀，将刀刃对准原料被劈的部位，快速劈入，紧嵌在原料内部。

（3）左手持原料与刀同时提起，用力向下劈断原料，刀与原料同时落下。

二、任务分析

1.原料准备

猪骨。

2.工艺流程

选取洗净的猪骨→左手按稳原料→右手持刀对准待劈部位，刀嵌内部→正确运用跟刀劈加工猪骨→原料成形。

3.训练要领

（1）选好猪骨被劈的位置，刀刃要紧嵌在猪骨内部。

（2）猪骨跟刀同时提起，同时落下，向下用力劈断猪骨。

（3）两手配合要协调一致，行刀稳健有力。

（4）一刀未劈断时，可连续再劈，直至将猪骨完全劈开为止。

三、任务实施

（1）教师示范，操作步骤如图所示。

左手按稳原料，右手持刀，将刀刃嵌牢在原料内部

左手持原料与刀同时提起

跟刀劈
视频

用力向下劈断原料，刀与原料同时落下

（2）学生根据教师示范步骤和教学要求，完成实训任务。

四、任务思考

（1）跟刀劈与拍斩等其他斩法有何不同？优缺点是什么？

（2）如何选择适合跟刀劈的刀具？刀的材质、长度及重量等因素对跟刀劈的效果有何影响？

平刀法

知识目标

（1）了解平刀法的定义、分类及其操作要点。

（2）了解平刀法适用的原料类型（包括质地和形状的选择标准），以及其对原料成形和烹饪的影响。

（3）掌握运用平刀法将食材加工成符合菜品造型设计需求、色彩搭配标准及摆盘装饰规范的特定形态的方法。

扫码看课件

能力目标

（1）能够熟练掌握平刀法中的各项技术手法，依据原料的特性和菜肴制作的具体需求，精确地将原料切割成厚度一致、形状规范的片状。

（2）能够依据原料的尺寸、质地差异，灵活调整平刀法的操作细节，包括操作力度、切割的速度以及切割的角度，以确保切片的完整性和一致性。

（3）具备运用平刀法进行菜肴创意设计与制作的能力，通过独特的切片形态、组合模式或与其他刀工技术的结合，创造出具有新颖视觉效果和独特口感体验的菜肴。

思政目标

（1）培养学生对传承传统烹饪技艺的责任感，理解平刀法这一中式烹饪经典刀工具有的深厚文化底蕴，激发学生学习和传承中华传统烹饪文化的使命感。

（2）培养学生严谨和追求卓越的工匠精神，注重平刀法对于不同原料处理时的精准度，培养耐心和专注力，使学生明白细节对高品质烹饪的重要性。

（3）强化学生的节约意识和环保意识，通过平刀法练习让学生认识到合理利用原料、减少浪费的重要性，将节约意识融入烹饪学习与实践，增强社会责任感和可持续发展意识。

平刀法是一种在刀工处理中广泛应用的基础刀法，适用于各种软质、脆性和韧性的食材原料。通过平刀法加工原料，可以使其表面积增大，进一步扩大原料的应用范围。

平刀法又称为片刀法或平刀批，是指操作时刀身与砧板表面呈平行状态的一种刀法，通常适用于加工无骨的软性原料或韧性原料。按操作时的不同手法，平刀法可分为平片法、推片法、拉片法、推拉片法、滚料片法等。

任务一　平片法

一、任务知识

1. 平片法的定义

平片法是指操作时将刀放平，刀面与砧板平行，刀做水平直线运动，一刀将原料切到底的刀法。

此刀法适用于加工质地软嫩、无骨的固性原料，如豆腐、鸭血、猪血等。

2. 练习方法

（1）原料平放在砧板上，左手手指并拢伸直，从左侧面垂直顶住原料。

（2）右手持刀端平，刀刃对准原料待片位置，并与砧板保持平行。

（3）刀刃从右向左做水平直线运动，将原料片断，保持厚度一致。

二、任务分析

1. 原料准备

豆腐。

2. 工艺流程

取出豆腐放在砧板上→左手手指并拢从左侧顶住原料，右手持刀→刀身放平，与砧板保持平行→刀刃从右往左做水平直线运动→原料成形。

3. 训练要领

（1）持刀时刀身需与砧板保持平行。

（2）运刀时确保原料大小均匀、厚度一致。

（3）片料时用刀刃中间部位做水平直线运动。

（4）片料时下压力要小，以免原料挤压变形。

三、任务实施

（1）教师示范，操作步骤如图所示。

平片法
视频

备料

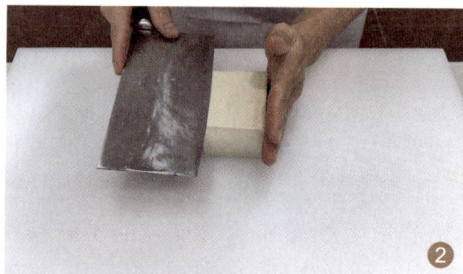
左手顶住原料，右手持刀

平刀直片原料

原料成形

（2）学生根据教师示范步骤和教学要求，完成实训任务。

四、任务思考

（1）适用于平片法的原料都有哪些？

（2）平片法的操作要领是什么？

任务二　推片法

推片法又称推刀批，操作时刀身与砧板保持平行，用刀刃中前部对准原料待片位置，从右后方往左前方推片，将原料片成厚度均匀的薄片。推片法主要是将原料加工成片状，适用于生姜、芋头、土豆、冬笋等原料。在片的基础上，可进一步运用其他刀法将原料加工成所需的丝、丁、条、粒等形状。根据下刀及原料出片的位置，推片法可分为上片法和下片法。

子任务一　上片法

一、任务知识

1. 上片法的定义

上片法是指在原料上端起刀，刀身与砧板保持平行，平刀推片，将原料一层层片开的一种刀法。

2. 练习方法

（1）将原料放置在砧板上，左手食指和中指按住原料。

（2）右手持刀与砧板表面保持平行，用刀刃中前部对准原料上端待片位置。

（3）刀从右后方向左前方水平推进，将原料片开后放置在砧板上，如此反复操作。

二、任务分析

1. 原料准备

生姜。

2. 工艺流程

生姜洗净→修料→左手按料→右手持刀端平→片取姜片→原料成形。

3. 训练要领

（1）运刀过程中，刀身要端平并紧贴原料。

（2）刀从右后方向左前方水平推进，使片下的原料大小均匀、厚薄一致。

（3）运刀时，用刀刃中前部开始推进。

三、任务实施

（1）教师示范，操作步骤如图所示。

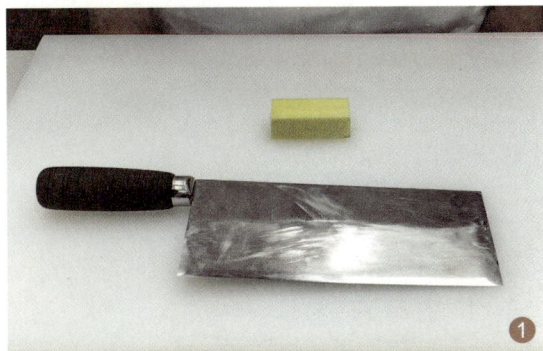

洗净，修料

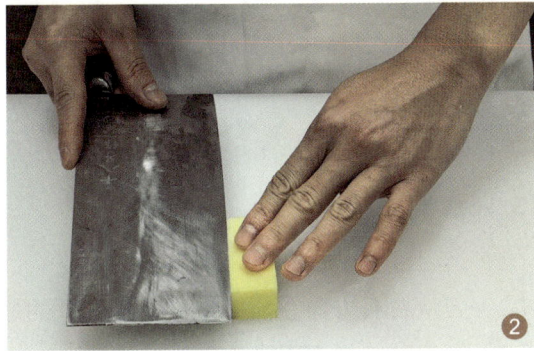

左手按料，右手持刀端平

上片法
视频

Note

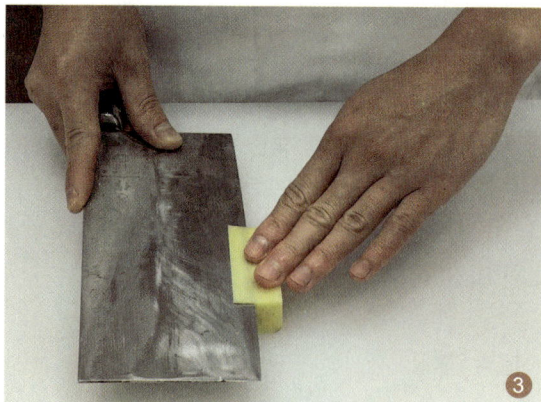

平刀上片原料

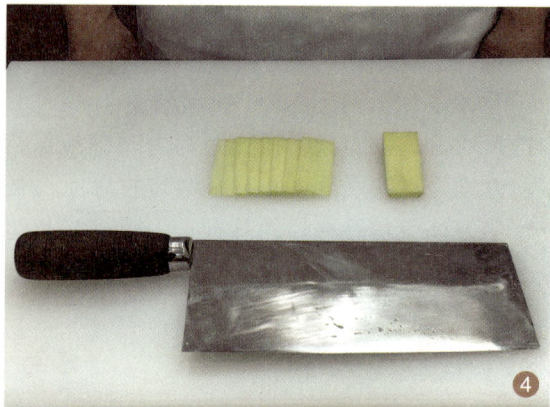

原料成形

（2）学生根据教师示范步骤和教学要求，完成实训任务。

四、任务思考

（1）适用上片法的原料都有哪些？
（2）上片法的操作要领是什么？

子任务二　下片法

一、任务知识

1. 下片法的定义

下片法是指在原料底部起刀，刀身与砧板保持平行，平刀推片，将原料一层层片开的一种刀法。

2. 练习方法

（1）将原料放置在砧板上，左手手指并拢从上方按住原料。
（2）右手持刀与砧板表面保持平行，用刀刃中前部对准原料下端待片位置。
（3）刀从右后方向左前方水平推进，将原料片开后放置在砧板上，如此反复操作。

二、任务分析

1. 原料准备

里脊肉。

2. 工艺流程

原料洗净→修料→左手按料→右手持刀端平→片取里脊肉→原料成形。

3. 训练要领

（1）运刀过程中，刀身要端平并紧贴原料。
（2）刀从右后方向左前方推进，使片下的原料大小均匀、厚薄一致。
（3）运刀时，用刀刃中前部开始推进。

三、任务实施

（1）教师示范，操作步骤如图所示。

洗净，修料

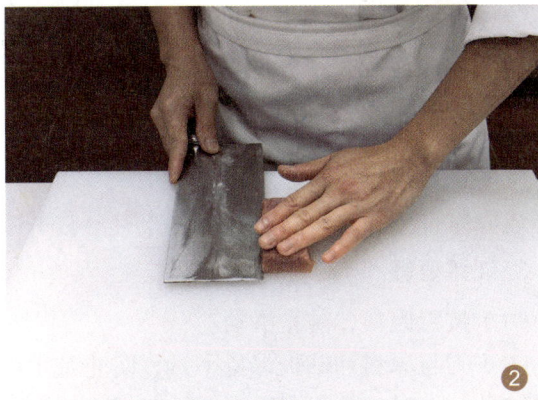
左手按料，右手持刀端平

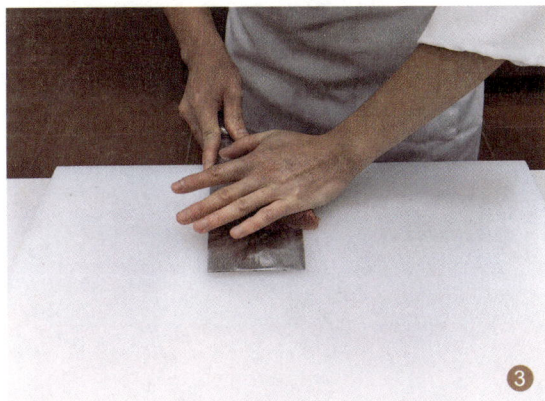
平刀下片原料

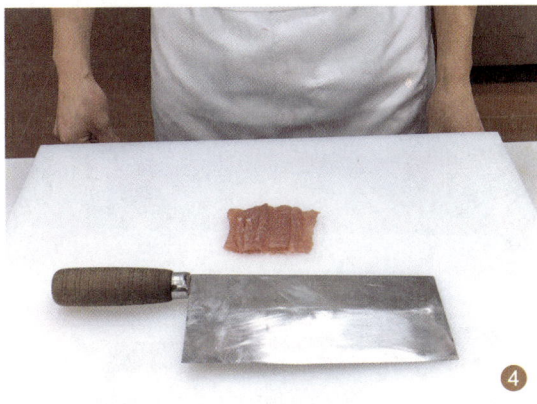
原料成形

下片法
视频

（2）学生根据教师示范步骤和教学要求，完成实训任务。

四、任务思考

（1）适用下片法的原料都有哪些？
（2）下片法的操作要领是什么？

任务三 拉片法

一、任务知识

1.拉片法的定义

拉片法是指操作时将刀端平，与砧板和原料保持平行，刀刃后端从原料右上角起刀，由右前方往左后方平行进刀，将原料一层层的片开的一种刀法。拉片法适用于加工无骨、韧性较弱的原料，如猪腰、鸡胸肉、里脊肉、蘑菇、莴笋等。

2.练习方法

（1）原料平放在砧板上，左手手指并拢从上方按住原料。
（2）右手持刀端平，与原料和砧板保持平行，用刀刃后端对准原料待片位置。

Note

（3）刀从右前方向左后方运动，将原料片断。

（4）片断后将刀面上的原料推下放置在一侧，如此反复操作。

二、任务分析

1.原料准备

鸡胸肉。

2.工艺流程

选取原料→洗净，修料→左手按料→右手持刀端平→拉片法加工鸡胸肉→原料成形。

3.训练要领

（1）按稳原料，防止滑动。

（2）刀与原料和砧板保持平行，防止片下的原料厚度不一。

（3）运刀时，从刀刃后端开始起刀。

三、任务实施

（1）教师示范，操作步骤如图所示。

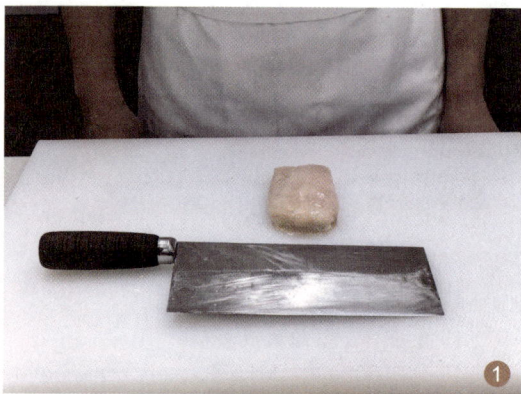

洗净，修料

左手按料，右手持刀端平

拉片法
视频

拉片法片原料

原料成形

（2）学生根据教师示范步骤和教学要求，完成实训任务。

四、任务思考

（1）如何掌握拉片法的技巧？

（2）拉片法还适用于加工哪些原料？

任务四 推拉片法

一、任务知识

1. 推拉片法的定义

推拉片法是将推片法和拉片法结合使用的一种刀法。操作时一般先用刀刃前端平刀往左前方推片，再往左后方拉片，动作连贯起来将原料一层层地片开。推拉片法主要适用于表面积较大、韧性较强、筋膜较多的肉类原料，以及较为脆嫩的植物性原料，如牛肉、猪肉、萝卜、莴笋等。

2. 练习方法

（1）原料平放在砧板上，左手按稳原料，右手持刀端平，对准待片位置。

（2）用刀刃前端，先用推片法片原料，再用拉片法继续平片，推片与拉片手法连贯起来，直至将原料片开。

（3）片断后将刀面上的原料推下放置在一侧，如此反复操作。

二、任务分析

1. 原料准备

牛肉。

2. 工艺流程

选取原料→洗净，修料→左手按料→右手持刀端平→平刀推拉片取牛肉→原料成形。

3. 训练要领

（1）按稳原料，防止滑动。

（2）刀与原料和砧板保持平行，防止片下的原料厚度不一。

（3）将推片法和拉片法结合起来，运刀充分有力，动作协调自然。

三、任务实施

（1）教师示范，操作步骤如图所示。

洗净，修料

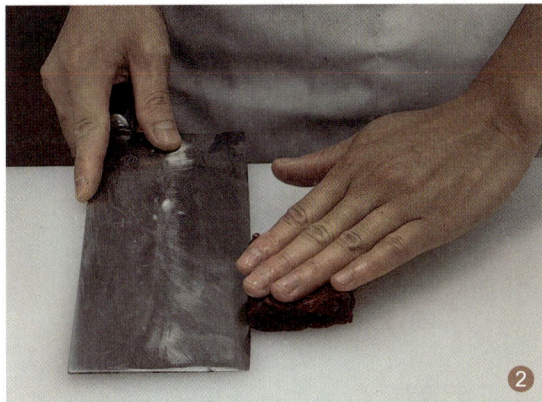

左手按稳原料，右手持刀端平

推拉片法
视频

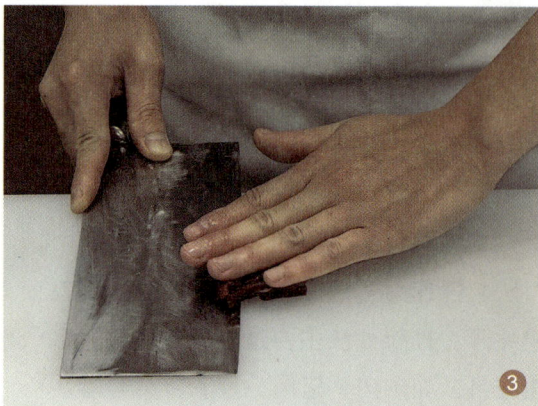
推拉片法片原料

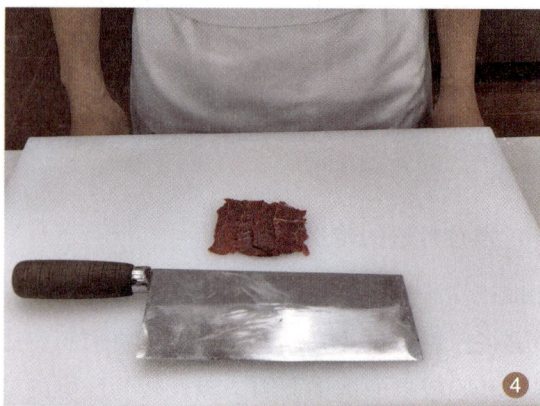
原料成形

（2）学生根据教师示范步骤和教学要求，完成实训任务。

四、任务思考

（1）如何掌握推拉片法的技巧？

（2）推拉片法适用于哪些原料？

任务五　滚料片法

　　滚料片法是指滚料批、旋料片，操作时要求刀面与砧板保持平行，左手按住原料的同时缓慢将原料向左或向右滚动，刀从右往左水平运动片下原料。这种刀法适用于将圆形或圆柱形的原料加工成片状，如青瓜、白萝卜等。在实际操作中，滚料片法又可以分为滚料上片法和滚料下片法。

子任务一　滚料上片法

一、任务知识

1. 滚料上片法的定义

滚料上片法是指操作时从原料的上端开始进刀，将原料片成薄片的方法。

2. 练习方法

（1）把原料置于砧板下部，左手按稳原料，右手持刀与砧板面平行。

（2）以刀刃中前部对准原料上端待片位置，左手按住原料缓慢向右滚动。

（3）原料向右滚动的同时，刀水平向左运动片进原料，片料和原料滚动的动作同步进行，直至将原料片至所需规格。

（4）片断后将原料推下放置在一侧，如此反复操作。

二、任务分析

1. 原料准备

白萝卜。

2. 工艺流程

选取原料→洗净，修料→左手按料向右滚动→右手持刀平片→滚料上片原料→原料成形。

3.训练要领

（1）刀与砧板保持平行，前后高低一致。

（2）原料滚动的速度与刀行进的速度尽量保持一致。

（3）从原料上端开始进刀，利用刀刃的中前部片取原料。

三、任务实施

（1）教师示范，操作步骤如图所示。

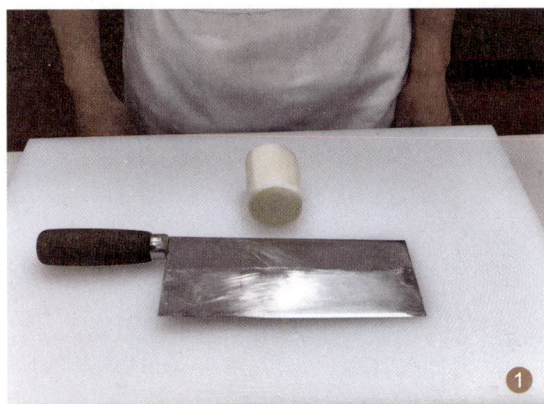

洗净，修料

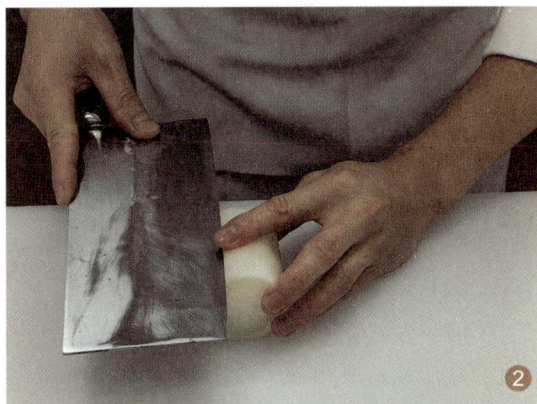

左手按料向右滚动，右手持刀平片

滚料上片原料

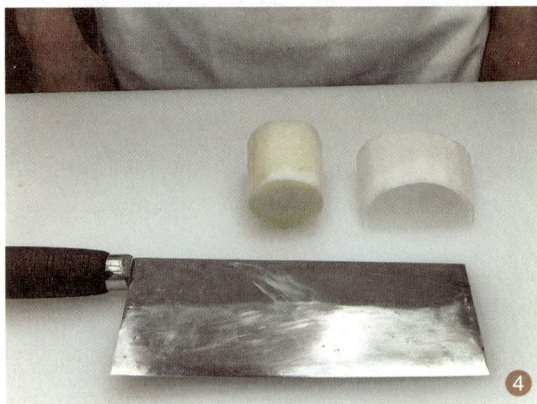

原料成形

滚料上片法
视频

（2）学生根据教师示范步骤和教学要求，完成实训任务。

四、任务思考

（1）如何掌握滚料上片法的技巧？

（2）滚料上片法适用于加工哪些原料？

子任务二　滚料下片法

一、任务知识

1.滚料下片法的定义

滚料下片法是指操作时从原料的底部开始进刀，将原料片成薄片的方法。

2.练习方法

（1）把原料置于砧板下部，左手按稳原料，右手持刀与砧板面平行。

（2）用刀刃中前部对准原料底部待片位置，左手按住原料缓慢向左滚动。

（3）原料向左滚动的同时，刀水平向左运动片进原料，片料和原料滚动的动作同步进行，直至将原料片至所需规格。

（4）片断后将原料推下放置在一侧，如此反复操作。

二、任务分析

1.原料准备

白萝卜。

2.工艺流程

选取原料→洗净，修料→左手按料向左滚动→右手持刀平片→滚料下片原料→原料成形。

3.训练要领

（1）刀与砧板保持平行，前后高低一致。

（2）原料滚动的速度与刀行进的速度尽量保持一致。

（3）从原料底部开始进刀，利用刀刃的中前部片取原料。

三、任务实施

（1）教师示范，操作步骤如图所示。

滚料下片法
视频

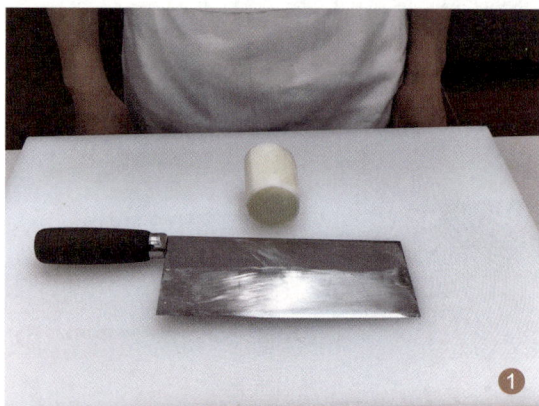

洗净，修料

左手按料向左滚动，右手持刀平片

滚料下片原料

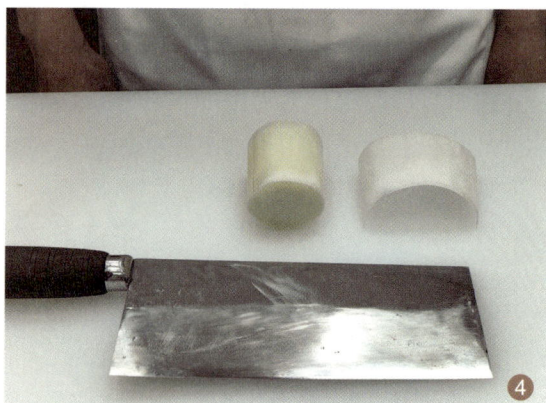

原料成形

（2）学生根据教师示范步骤和教学要求，完成实训任务。

四、任务思考

（1）如何掌握滚料下片法的技巧？

（2）滚料下片法适用于加工哪些原料？

斜刀法

→ **知识目标**

（1）了解斜刀法的概念、分类以及操作手法。
（2）掌握斜刀法适用的原料种类及质地特性。
（3）理解斜刀法在烹饪造型与菜肴风味提升方面的作用原理。

→ **能力目标**

（1）能够熟练且精准地运用正斜刀法和反斜刀法，根据不同菜肴的烹饪需求和原料特性，将各类原料切割成标准的斜片、斜块等形状，确保切割面平整、形状均匀、大小一致。
（2）能够根据原料的变化和烹饪创意的要求，调整斜刀法的操作手法，保证切割质量和效率。
（3）具备运用斜刀法进行复杂菜肴制作的综合能力，以及根据菜肴整体设计进行摆盘装饰，提升菜肴的品质和档次。

→ **思政目标**

（1）培养学生尊重和传承中华传统烹饪技艺，理解斜刀法的历史价值和民族智慧，激发学习热情，增强民族自豪感和文化自信。
（2）引导学生培养严谨、专注的职业态度和工匠精神，注重操作细节，追求极致工艺，培养耐心、专注、坚持的品质。
（3）强化团队合作和分享精神，鼓励学生交流经验、分享技巧，共同解决问题，通过合作完成烹饪任务，培养学生沟通协作能力和集体荣誉感，提升学生综合素质。

斜刀法是指运刀时刀面与砧板成锐角的一种刀法，通常用于将原料加工成片状时，这种刀法按运刀的方向可分为正斜刀法和反斜刀法两种。一般要求右手执刀，刀面呈倾斜状，刀面高于刀口，刀与砧板成角度较小的锐角，刀刃从原料表面靠近左手手指的部位向下方斜着切入原料。

任务一　正斜刀法

一、任务知识

1. 正斜刀法的定义

刀身向右倾斜往左切的方法称为正斜刀法。正斜刀法一般适用于软嫩和有韧性的原料，如去皮生鱼肉、猪肚、猪肉等。

2. 练习方法

（1）将原料平放在砧板上，左手食指、中指和无名指三个手指贴在待切原料的左边。

（2）右手持刀，将刀身向右倾斜至适合的角度，从原料左边逐片拉切。

（3）原料切断后左手手指将切出的原料往左抹开，重新贴在待切原料上，右手重复原动作继续斜切。

二、任务分析

1. 原料准备

去皮生鱼肉。

2. 工艺流程

原料洗净→修料→左手按料→右手持刀→正斜刀法加工生鱼片→原料成形。

3. 训练要领

（1）运刀时，刀要紧贴原料，避免原料粘连或滑动。

（2）刀身的倾斜度应根据原料成形规格灵活调整。

（3）每片一刀，刀与左手同时移动一次，并保持刀距相等。

三、任务实施

（1）教师示范，操作步骤如图所示。

洗净，修料

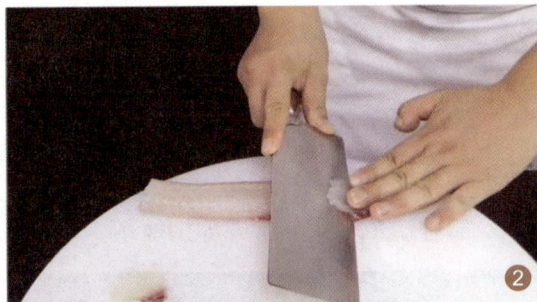
左手按料，右手持刀

正斜刀法切片

原料成形

正斜刀法
视频

（2）学生根据教师示范步骤和教学要求，完成实训任务。

四、任务思考

（1）正斜刀法适用于哪些原料？

（2）正斜刀法斜切的合适角度为多少？

任务二　反斜刀法

一、任务知识

1. 反斜刀法的定义

刀身向左倾斜往右切的方法称为反斜刀法。反斜刀法一般适用于脆性或表面黏滑的原料，如芹菜、白菜、猪腰等。

2. 练习方法

（1）左手扶料，中指第一关节微屈，并顶住刀身。

（2）右手持刀，将刀身向左倾斜至适合的角度，从原料右边逐片拉切或推切。

（3）左手有规律地配合向右移动，每次移动的距离应相等。

二、任务分析

1. 原料准备

西芹。

2. 工艺流程

原料洗净→修料→左手按料→右手持刀→反斜刀法加工西芹→原料成形。

3. 训练要领

（1）运刀时，刀要紧贴原料，避免原料粘连或滑动。

（2）刀身的倾斜角度应根据原料成形规格灵活调整。

（3）刀身要紧贴左手关节，每片一刀，左手与刀向左后方同时移动一次，并保持刀距相等。

三、任务实施

（1）教师示范，操作步骤如图所示。

反斜刀法
视频

洗净，修料

左手按料，右手持刀

反斜刀法切片

原料成形

（2）学生根据教师示范步骤和教学要求，完成实训任务。

四、任务思考

（1）反斜刀法适用于哪些原料？

（2）反斜刀法与正斜刀法有什么区别？

混合刀法

知识目标

（1）掌握混合刀法的定义、特点和常见组合。
（2）掌握根据原料质地、形状、纹理等因素综合运用的混合刀法。
（3）理解混合刀法在提升菜肴视觉效果、丰富口感层次和体现烹饪艺术特色方面的作用。

能力目标

（1）熟练运用多种基本刀法进行混合操作，根据菜肴要求和食材特性精准实施混合刀法。
（2）能够灵活运用混合刀法，创新性地设计出具有独特造型的菜肴。
（3）具备制作整道菜肴的统筹规划能力，使混合刀法与其他烹饪环节协同工作。

思政目标

（1）培养学生对中华传统烹饪文化博大精深的认知，激发学生传承和弘扬中华传统烹饪技艺的使命感和责任感。
（2）培养学生精益求精、追求卓越的工匠精神，培养学生耐心、专注、执着的职业品质。
（3）强化学生的文化自信和民族自豪感，鼓励学生积极传播中华饮食文化，促进中国文化与国际文化的交流与融合，提升国家文化软实力。

任务一　剖刀法

一、任务知识

1. 剖刀法的定义

剖刀法，即在原料表面上切割深而不断（一般为原料深度的三分之二或五分之四）的各种刀纹，经过加热后，使原料卷曲成各种形状的刀法。根据运刀方法的不同，剖刀法可分为直刀剖和斜刀剖。剖刀法通常适用于韧性较强的原料，如白萝卜、猪肚、鱿鱼等。

2. 练习方法

（1）右手持刀，左手按稳原料，中指第一关节弯曲处顶住刀膛，用刀刃中前部对准原料被剖位置。
（2）刀自上而下做垂直、前后推拉运动或用正、反斜刀法前后推拉，直至切到原料深度五分之四处时停止。
（3）将刀收回，继续再垂直、前后推拉运动或用正、反斜刀法前后推拉，按需要加工的原料规格移动，直至将原料切完为止。

二、任务分析

1. 原料准备

白萝卜。

2. 工艺流程

去皮洗净→修料→左手按料→右手持刀→直刀推切，换方向直刀推切→原料加热成形。

3. 训练要领

（1）刀距相等，两手配合协调，行刀稳健有力。

（2）右手控制刀身，直刀推拉下刀，切到原料深度五分之四处。

（3）将白萝卜换方向继续直刀推切，等深度、等距离将原料切完为止。

三、任务实施

（1）教师示范，操作步骤如图所示。

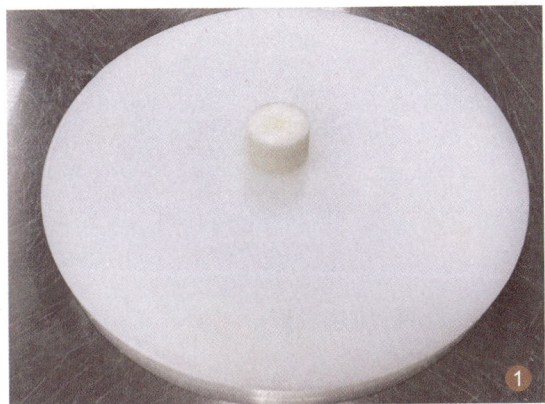

洗净，修料

直刀推切

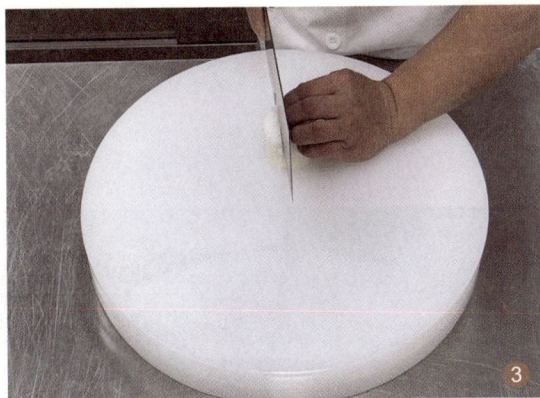

换方向直刀推切

原料加热成形

剞刀法
视频

（2）学生根据教师示范步骤和教学要求，完成实训任务。

四、任务思考

（1）剞刀法的操作要领是什么？

（2）剞刀法适用于哪些原料？请举例说明。

Note

任务二 麦穗刀法

一、任务知识

1. 麦穗刀法的定义

麦穗刀法，即先将原料用直刀法剞上一条条平行等距离的刀纹，再将原料旋转90°，剞上与直刀纹相交叉的斜刀纹；然后改刀成条状，加热后原料卷曲成麦穗形的刀法。麦穗刀法主要适用于肉质较薄、组织紧密的动物性原料，如猪肾、鱿鱼等。

2. 练习方法

（1）右手持刀，左手按稳原料，中指第一关节弯曲处顶住刀膛，用刀刃中前部对准原料被剞位置。

（2）用直刀法剞出一条条平行等距离的刀纹。

（3）将原料旋转90°，右手用反斜刀推切的方法在原料上剞出一条条平行等距离的刀纹，深度约为原料厚度的三分之二。刀与砧板的夹角约为35°。

二、任务分析

1. 原料准备

鱿鱼。

2. 工艺流程

洗净，修料→左手按料→右手持刀→直刀剞和斜刀剞→原料加热成形。

3. 训练要领

（1）用直刀法剞出一条条平行等距离的刀纹，刀距控制在0.2 cm，两手配合切完原料。

（2）将原料旋转90°，右手用反斜刀推切的方法在原料上剞出一条条平行等距离的刀纹，深度约为原料厚度的三分之二。刀与砧板的夹角约为35°。

（3）锅内放水烧至沸腾，放入料酒、姜片，再放入改好刀的鱿鱼，鱿鱼卷曲后盛入盘内。

三、任务实施

（1）教师示范，操作步骤如图所示。

麦穗刀法
视频

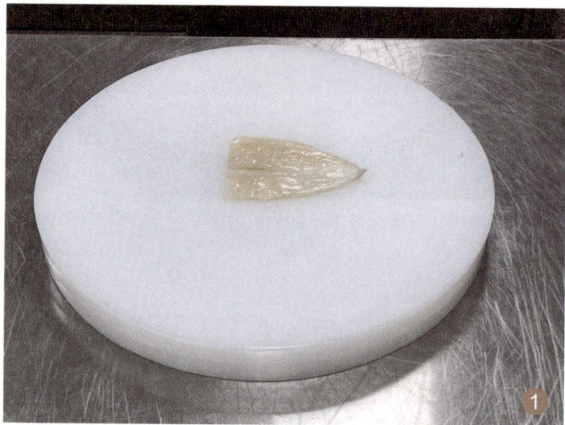

洗净，修料

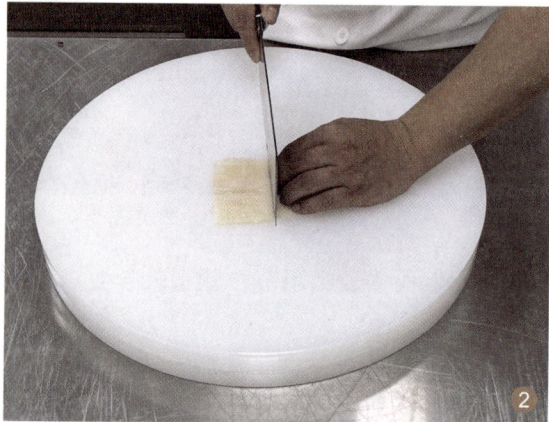

直刀推切原料

将原料旋转90°，反斜刀推切

原料加热成形

（2）学生根据教师示范步骤和教学要求，完成实训任务。

四、任务思考

（1）麦穗刀法的操作要领有哪些？

（2）麦穗刀法适用于哪些原料？请举例说明。

任务三　菊花刀法

一、任务知识

1. 菊花刀法的定义

菊花刀法，即加工时在原料上剞上横竖交错的刀纹，两刀纹相交成90°，深度为原料厚度的五分之四，再改刀切成正方块，经加热后卷曲成菊花形的刀法。菊花刀法运用直刀推剞的刀法切成。适用原料如净鱼肉，鸡、鸭肾，豆腐等。

2. 练习方法

（1）右手持刀，左手按稳原料，用直刀剞的方法切成等距离一片片不断的薄片，确保底部相连部分有 0.2 cm 左右的厚度。

（2）将原料旋转90°，在这些平行片的垂直方向直刀剞，剞的厚度与切片时的厚度一致，深度与切片时的深度一致。

（3）将改好刀的原料加热定形成熟。

二、任务分析

1. 原料准备

鸭肾。

2. 工艺流程

洗净，修料→左手按料→右手持刀→直刀推剞→原料加热成形。

3. 训练要领

（1）将鸭肾用直刀剞的方法切成一片片不断的薄片，确保底部相连部分有 0.2 cm 左右的厚度，两手配合协调，等距离切完原料。

（2）将鸭肾旋转90°，在这些平行片的垂直方向直刀剞，剞的厚度与切片时的厚度一致，深度

Note

与切片时的深度一致。

（3）锅内放水烧至沸腾，放入改好刀的鸭肾，加热定形成熟。

三、任务实施

（1）教师示范，操作步骤如图所示。

菊花刀法
视频

洗净，修料

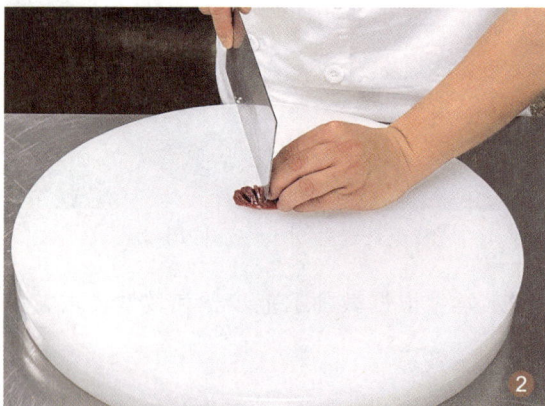

直刀推剞原料

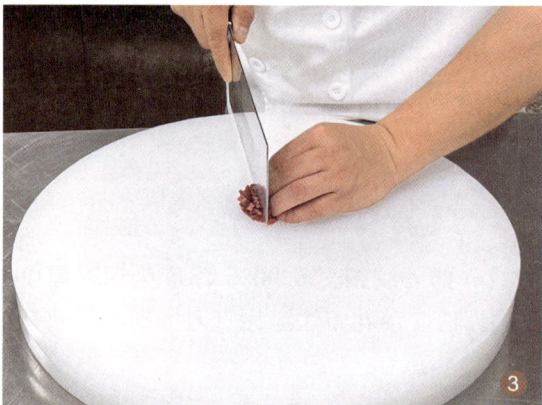

将原料旋转90°，继续直刀推剞原料

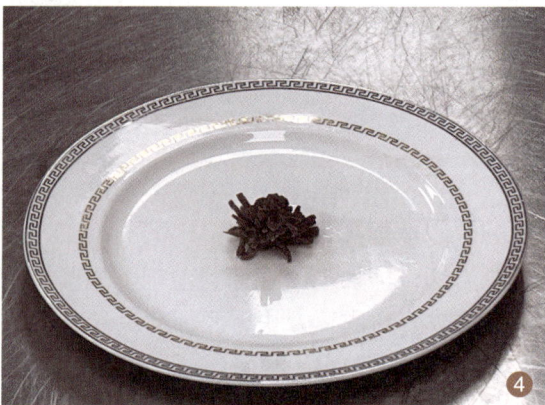

原料加热成形

（2）学生根据教师示范步骤和教学要求，完成实训任务。

四、任务思考

（1）菊花刀法的操作要领有哪些？

（2）菊花刀法适用于哪些原料？请举例说明。

任务四 松鼠刀法

一、任务知识

1. 松鼠刀法的定义

松鼠刀法是运用斜刀推拉剞或直刀剞等刀法将鱼加工成松鼠形的刀法。准备一条整鱼，先将整条鱼的鱼头从鳃下切断，留用；再将鱼身上肋骨剔去，用斜刀推拉剞或直刀剞等刀法将鱼肉切成松子形，刀纹深至鱼肉的五分之四，留五分之一连着鱼皮。切好形的鱼肉与鱼头、鱼尾经拍粉后入热油炸香，最后拼摆在长腰盘上，形如松鼠状。

Note

2. 练习方法

（1）右手持刀，左手扶稳原料，用反斜刀剞的方法将鱼肉切成厚度约 0.5 cm 一片片不断的薄片，确保底部相连部分有 0.2 cm 左右的厚度。

（2）将鱼身旋转 90°，继续用反斜刀剞的方法等距离切鱼肉，深度一致，成交叉刀纹。

（3）将料酒、精盐分别抹在鱼头和鱼肉上，分别裹上蛋液和干淀粉，放入油锅炸至金黄色捞起，盘中整形摆好。

二、任务分析

1. 原料准备

草鱼。

2. 工艺流程

草鱼宰杀分割→剔骨取肉→反斜刀推剞→裹粉油炸→原料成形。

3. 训练要领

（1）用反斜刀剞的方法将鱼肉切成厚度约 0.5 cm 一片片不断的薄片。

（2）将鱼身旋转 90°，继续用反斜刀剞的方法等距离切鱼肉，深度一致，成交叉刀纹。

（3）将料酒、精盐分别抹在鱼头和鱼肉上，分别裹上蛋液和干淀粉，放入油锅炸至金黄色捞起，盘中整形摆好。

三、任务实施

（1）教师示范，操作步骤如图所示。

草鱼宰杀分割

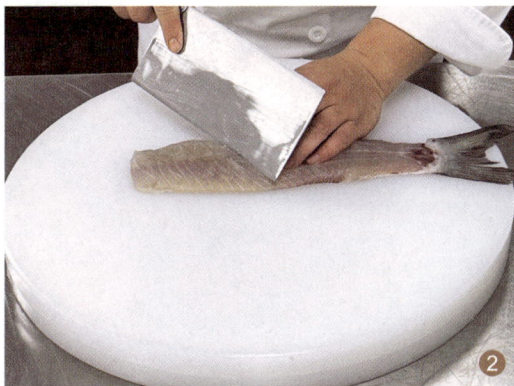

反斜刀推剞原料

将原料旋转 90°，继续反斜刀推剞原料

原料加热成形

松鼠刀法
视频

（2）学生根据教师示范步骤和教学要求，完成实训任务。

四、任务思考

（1）松鼠刀法的操作要领有哪些？

（2）将鱼加工成松鼠形可以使用哪些剖法？

原料成形

🔶 知识目标

（1）了解块、片、丝、丁、粒、松等规格成形的要求。
（2）掌握块、片、丝、丁、粒、松等规格成形的基本方法。
（3）掌握不同料头花的切法。
（4）掌握原料成形方法的运用。

🔶 能力目标

（1）会根据菜肴要求选择原料成形的方法。
（2）能熟练运用块、片、丝、丁、粒、松等规格成形的改刀方法。
（3）在日常切配中能熟练运用不同原料成形的方法。
（4）能运用三种以上料头花的切法。

🔶 思政目标

（1）塑造学生耐心细致的品格，精心处理原料成形，展现烹饪技艺的细腻之美。
（2）培育学生刻苦钻研的态度，深入探索不同原料成形方法，丰富烹饪技艺内涵。
（3）激发学生的文化自信情怀，运用原料成形弘扬中华传统饮食文化精髓。

任务一　块

　　块是使用最广泛、最实用的原料形状之一。常采用切、剁、砍等刀法加工而成。质地较为松软、脆嫩，或质地较坚硬，但去皮去骨后可以切断的原料，一般采用切的刀法成块；质地坚硬且带有皮骨的原料，一般采用剁或砍的方法成块。是否选择块形主要根据烹饪需要以及原料的性质，常见的块形有日字形块、菱形块、方块、劈柴块、滚料块等。

子任务一　日字形块

一、任务知识

1.日字形块的规格

　　日字形块因形如骨牌，故称为骨牌块，又称长方块。一般规格为长 4 cm、宽 2.5 cm、厚 2 cm。

2.练习方法

（1）将原料去皮洗净，改刀加工成一定厚度的长条。

Note

（2）将长条改刀切成长约 4 cm、宽约 2.5 cm、厚约 2 cm 的块即可。

二、任务分析

1. 原料准备

胡萝卜。

2. 工艺流程

选料→去皮洗净→改刀→原料成形。

3. 训练要领

（1）注意加工胡萝卜的基本动作和方法。
（2）选择适当的刀法加工胡萝卜。

三、任务实施

（1）教师示范，操作步骤如图所示。

  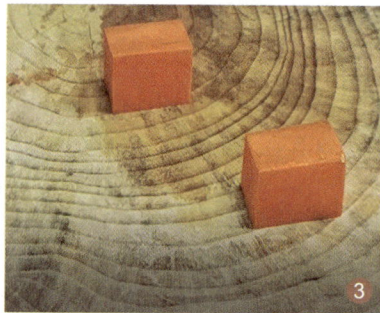

洗净，修料　　　　　　　　直刀切块　　　　　　　　原料成形

（2）学生根据教师示范步骤和教学要求，完成实训任务。

四、任务思考

（1）简述日字形块的加工过程。
（2）简述日字形块的成形规格。

子任务二　菱形块

一、任务知识

1. 菱形块的规格

菱形块也称为象眼块，形状两头尖、中间宽，大小随主料和盛器而定。

2. 练习方法

（1）将原料去皮洗净，改刀加工成大厚片。
（2）将大厚片切成长条，最后斜切成长为 2 ～ 4 cm、厚为 0.8 ～ 1.5 cm 的块即可。

二、任务分析

1. 原料准备

胡萝卜。

日字形块
视频

2. 工艺流程

选料→去皮洗净→改刀→原料成形。

3. 训练要领

（1）注意加工胡萝卜的基本动作和方法。

（2）选择适当的刀法加工胡萝卜。

三、任务实施

（1）教师示范，操作步骤如图所示。

洗净，修料

将原料切成厚 2 cm 的条状

斜刀切成厚 1 cm 的菱形块

原料成形

菱形块
视频

（2）学生根据教师示范步骤和教学要求，完成实训任务。

四、任务思考

（1）哪些原料适合加工成菱形块？

（2）菱形块的加工要求是什么？

子任务三　方块

一、任务知识

1. 方块的规格

大的方块边长为 4～6 cm，小的方块边长为 2～3 cm。

2.练习方法

（1）将原料去皮洗净，用切、劈或斩的方式加工成长方条。

（2）将长方条改刀切成边长为 2～6 cm 的方块即可。

二、任务分析

1.原料准备

胡萝卜。

2.工艺流程

选料→去皮洗净→改刀→原料成形。

3.训练要领

（1）注意加工胡萝卜的基本动作和方法。

（2）选择适当的刀法加工胡萝卜。

三、任务实施

（1）教师示范，操作步骤如图所示。

方块
视频

洗净，修料

将原料按规格切成长方条状

改刀切成方块

原料成形

（2）学生根据教师示范步骤和教学要求，完成实训任务。

四、任务思考

（1）简述方块的成形规格。

（2）可加工成方块的菜肴有哪些？

子任务四　劈柴块

一、任务知识

1.劈柴块的规格

劈柴块，长于日字形块，形如劈好的木柴。不规则的原料（如弯黄瓜、苦瓜等）经过刀工处理后（如拍后一刹），成为大小基本一致的长方形块。

2.练习方法

（1）将原料去皮洗净，用拍的刀法将其纤维组织拍松，再改刀切成长约 6.5 cm 的长方块。

（2）或将原料先加工成长约 6.5 cm 的长方块，再将其拍松即可。

二、任务分析

1.原料准备

青瓜（黄瓜的俗称）。

2.工艺流程

选料→去皮洗净→拍松原料纤维组织→原料成形。

3.训练要领

（1）选择质地脆嫩、水分较多的青瓜。

（2）注意加工青瓜的基本动作和方法。

（3）选择适当的刀法加工青瓜。

三、任务实施

（1）教师示范，操作步骤如图所示。

| 洗净原料 | 用刀将其纤维组织拍松 | 一刹形成劈柴块 |

劈柴块
视频

（2）学生根据教师示范步骤和教学要求，完成实训任务。

四、任务思考

（1）简述劈柴块的成形规格。

（2）简述劈柴块的成形方法。

子任务五　滚料块

一、任务知识

1. 滚料块的规格

滚料块多用于长圆形原料，切块时边切边滚动原料，使其成为边长为 3 ～ 4 cm 的不规则块。

2. 练习方法

（1）将原料洗净后进行加工。

（2）边切边滚动原料，使其成为边长为 3 ～ 4 cm 的不规则块即可。

二、任务分析

1. 原料准备

茄子。

2. 工艺流程

选料→洗净→边切边滚动→原料成形。

3. 训练要领

（1）选择大小适中的茄子，不宜太大。

（2）形状大小应与所搭配的其他原料相一致。

三、任务实施

（1）教师示范，操作步骤如图所示。

洗净原料

边切边滚动

原料成形

（2）学生根据教师示范步骤和教学要求，完成实训任务。

四、任务思考

（1）滚料块一般适用于哪些原料的加工？

（2）简述滚料块的成形规格。

任务二　片

片是使用最广泛、最实用的原料形状之一，成形方法有切、片、削等。各种肉类食材宜用推切和推拉切；蔬菜宜用直切；形状较为扁薄的原料宜用斜刀法或平刀法片，如鸡胸肉、鱼肉、猪肚、鱿鱼等。常见的片有菱形片、柳叶片、月牙片、长方片、夹刀片、指甲片等。

滚料块
视频

子任务一　菱形片

一、任务知识

1. 菱形片的规格

菱形片也叫象眼片、斜方片、旗子片，为边长约 3 cm、长对角线约 5 cm、短对角线约 2.5 cm、厚约 0.2 cm 的平行四边形片，常用于蔬菜加工。

2. 练习方法

（1）持刀要稳，手腕灵活，用腕力带动小臂运动。

（2）原料去皮洗净后，先切成较厚的菱形块。

（3）再切成边长为 1.5 ～ 3.5 cm、厚度为 0.1 ～ 0.3 cm 的菱形片，或先切成相对应粗细的长方片，再切成菱形片。

二、任务分析

1. 原料准备

胡萝卜。

2. 工艺流程

去皮洗净→修料→改刀→原料成形。

3. 训练要领

（1）注意加工胡萝卜的基本动作和方法。

（2）选择适当的方法加工胡萝卜。

（3）菱形片的长度和厚度要均匀一致。

三、任务实施

（1）教师示范，操作步骤如图所示。

先将原料加工成菱形块

改刀，切成菱形片

菱形片
视频

（2）学生根据教师示范步骤和教学要求，完成实训任务。

四、任务思考

（1）简述菱形片的规格要求。

（2）菱形片的加工步骤有哪些？

子任务二　柳叶片

一、任务知识

1.柳叶片的规格

柳叶片，一端呈半圆形，另一端呈尖形，薄而狭长，长 5 ～ 6 cm，厚 0.3 cm，形如柳叶，在冷盘和围边中较常见。

2.练习方法

（1）原料去皮，洗净待用；若是肉类原料，则洗净即可。

（2）将原料从中间顺长切开，再斜切成长约 6 cm、厚 0.1 ～ 0.3 cm 的片，使其一端呈半圆形，另一端呈尖形。

二、任务分析

1.原料准备

青萝卜。

2.工艺流程

去皮洗净→改刀→原料成形。

3.训练要领

（1）选择个头偏大的青萝卜。

（2）选择适当的刀法加工青萝卜。

（3）柳叶片的长度和厚度要均匀一致，形似柳叶。

三、任务实施

（1）教师示范，操作步骤如图所示。

柳叶片
视频

① 先将原料竖切成厚 1.5 cm 的块

② 将块的一边切成半圆形

③ 再斜着将块的另一边切薄呈尖形

④ 改刀，切成柳叶片

（2）学生根据教师示范步骤和教学要求，完成实训任务。

四、任务思考

（1）柳叶片的规格要求是什么？

（2）柳叶片的加工步骤有哪些？

子任务三　月牙片

一、任务知识

1. 月牙片的规格

月牙片，因改刀后形似月牙而得名，厚 0.1 ～ 0.3 cm。多用于加工圆柱形原料，如黄瓜、萝卜等。

2. 练习方法

（1）将整条圆柱形原料竖着从中间切开。

（2）再横切成长约 4 cm、厚 0.1 ～ 0.3 cm 的半圆形片。

二、任务分析

1. 原料准备

青瓜。

2. 工艺流程

洗净→改刀→原料成形。

3. 训练要领

（1）选择个头偏大的青瓜。

（2）选择适当的刀法加工青瓜。

（3）月牙片的长度和厚度要均匀一致。

三、任务实施

（1）教师示范，操作步骤如图所示。

将整条原料竖着从中间切开

左手按料，右手持刀

月牙片
视频

切成厚 0.2 cm 的片

原料成形

（2）学生根据教师示范步骤和教学要求，完成实训任务。

四、任务思考

（1）简述月牙片的成形规格。

（2）月牙片的加工步骤有哪些?

子任务四　长方片

一、任务知识

1. 长方片的规格

长方片可分为大片和小薄片两种。大片长 5 cm、宽 3.5 cm、厚 0.2 cm; 小薄片长 4 cm、宽 2.5 cm、厚 0.1 cm。一般用于加工土豆、萝卜、黄瓜、豆腐干、猪肾等原料。

2. 练习方法

（1）将原料按规格加工成段、条或块。

（2）再用相应的刀法加工成片。

二、任务分析

1. 原料准备

胡萝卜。

2. 工艺流程

洗净→修料→改刀→原料成形

3. 训练要领

（1）选择个头偏大的胡萝卜。

（2）选择适当的刀法加工胡萝卜。

（3）长方片的长度、宽度和厚度要均匀一致。

三、任务实施

（1）教师示范，操作步骤如图所示。

将原料改刀加工成段、块

左手按料，右手持刀

再用相应的刀法加工成片

原料成形

长方片
视频

（2）学生根据教师示范步骤和教学要求，完成实训任务。

四、任务思考

（1）简述长方片的成形规格。

（2）长方片的加工步骤有哪些？

子任务五　夹刀片

一、任务知识

1. 夹刀片的定义

夹刀片又叫活页片，通过斜切或直切的方式，将原料切成底部相连的独特形状。主要用于加工酿制的菜肴，如煎酿莲藕夹、煎酿茄子等。

2. 练习方法

（1）原料去皮洗净。

（2）将原料直切一刀，留一部分相连不切断，将刀左移等距离后，再一刀切断，使之成为连在一起的片。

二、任务分析

1. 原料准备

茄子。

2. 工艺流程

洗净→修料→改刀→原料成形。

3. 训练要领

（1）选择大小适中的茄子。

（2）选择适当的刀法加工茄子。

（3）夹刀片的长度、宽度和厚度要均匀一致。

三、任务实施

（1）教师示范，操作步骤如图所示。

将原料洗净放置砧板上

左手按料，右手持刀

将原料直切一刀，留一部分相连不切断，将刀
左移等距离后，再一刀切断

使之成为连在一起的片，原料成形

（2）学生根据教师示范步骤和教学要求，完成实训任务。

四、任务思考

（1）夹刀片适用于哪些原料的加工？

（2）夹刀片的加工步骤有哪些？

子任务六　指甲片

一、任务知识

1. 指甲片的规格

指甲片形如指甲，为长约 1.2 cm、厚约 0.2 cm 的小正方形片。适用于加工脆性的菜梗、生姜或圆形、圆柱形的原料。

2. 练习方法

（1）一般用直切或斜切片的刀法，将原料加工成段、条或块，如大小合适，就用直切的刀法切成指甲片。

（2）如长度不够，则用斜刀片的片法将原料片成指甲片。

夹刀片
视频

二、任务分析

1. 原料准备

姜。

2. 工艺流程

洗净→修料→改刀→原料成形。

3. 训练要领

（1）选择大小适中的姜。

（2）选择适当的刀法加工姜片。

（3）指甲片的长度和厚度要均匀一致。

三、任务实施

（1）教师示范，操作步骤如图所示。

将原料改刀加工成段、条或块

左手按料，右手持刀

直刀切片

原料成形

（2）学生根据教师示范步骤和教学要求，完成实训任务。

四、任务思考

（1）指甲片的加工步骤有哪些?

（2）指甲片适用于哪些原料的加工?

任务三　丝

丝是使用最广泛、最实用的原料形状之一。切丝时，先将原料加工成片，然后再切成丝。以片切丝一般有以下两种排叠法。一种是将片斜叠排成阶梯形；另一种是将片排叠整齐后再切。大部分原料的排列都适用于阶梯形。整齐叠切只适用于少数原料，如豆腐干、河粉之类的厚薄、大小、形状较整齐的原料。无论是排成阶梯形还是排叠整齐，都要排叠一致，不能过高，否则手不易按稳，影响切丝的质量。

某些片形较大、较薄的原料（如大白菜、海带、鸡蛋皮等），可先将其卷成筒状，再切成丝。

常见的丝有粗丝、中丝、细丝、银针丝等，原料切丝的粗细主要根据烹饪的要求与原料的质地来选择。

子任务一　粗丝

一、任务知识

1. 粗丝的规格

粗丝长约 7 cm、粗约 0.4 cm。

2. 练习方法

（1）将原料洗净放置在砧板上，修整原料后改刀切成薄片，将薄片斜叠排列整齐。

（2）再用直刀法将薄片切成长约 7 cm、粗约 0.4 cm 的丝。

二、任务分析

1. 原料准备

土豆。

2. 工艺流程

洗净→修料→用直刀法将土豆切成片→斜叠排成阶梯形后切成丝→原料成形。

3. 训练要领

（1）切土豆片时注意厚薄均匀。

（2）土豆片叠放整齐，不可叠得过高，一般将片排成阶梯形。

（3）左手按稳土豆片，右手持刀要稳，下刀均匀恰当。

三、任务实施

（1）教师示范，操作步骤如图所示。

粗丝
视频

将原料改刀切成片

将片斜叠排成阶梯形，左手按料，右手持刀

直刀切丝

原料成形

（2）学生根据教师示范步骤和教学要求，完成实训任务。

四、任务思考

（1）简述粗丝的成形规格。

（2）切土豆丝时要注意哪些操作要领？

子任务二　中丝

一、任务知识

1. 中丝的规格

中丝长约 6 cm、粗约 0.3 cm。

2. 练习方法

（1）将原料洗净放置在砧板上，改刀切成薄片，将薄片斜叠排成阶梯形。

（2）再用直刀法将薄片切成长约 6 cm、粗约 0.3 cm 的丝。

二、任务分析

1. 原料准备

猪肉。

2. 工艺流程

选取干净猪肉→用直刀法将猪肉切成片→斜叠排成阶梯形后切成丝→原料成形。

3. 训练要领

（1）切猪肉片时注意厚薄均匀。

（2）猪肉薄片叠放整齐，不可叠得过高。

（3）左手按稳猪肉薄片，右手持刀要稳，下刀均匀恰当。

（4）猪肉丝采用顺纹切。

三、任务实施

（1）教师示范，操作步骤如图所示。

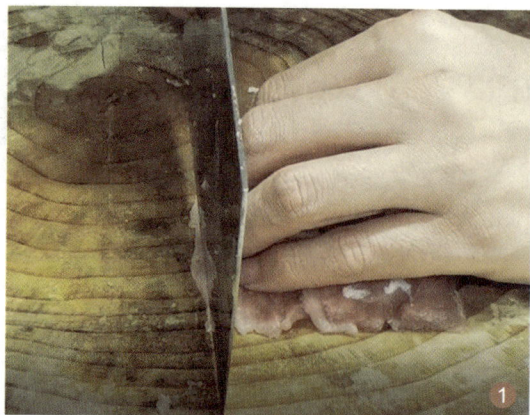

左手按料，右手持刀

直刀切成丝，原料成形

（2）学生根据教师示范步骤和教学要求，完成实训任务。

四、任务思考

（1）简述中丝的成形规格。

（2）切猪肉丝时要注意哪些操作要领？

子任务三　细丝

一、任务知识

1. 细丝的规格

细丝长约 6 cm、粗约 0.2 cm。

2. 练习方法

（1）将原料洗净放置在砧板上，改刀切成薄片，将薄片斜叠排成阶梯形。

（2）再用直刀法将薄片切成长约 6 cm、粗约 0.2 cm 的丝。

二、任务分析

1. 原料准备

胡萝卜。

2. 工艺流程

洗净→修料→用直刀法将胡萝卜切成薄片→斜叠排成阶梯形后切成丝→原料成形。

3. 训练要领

（1）切胡萝卜片时注意厚薄均匀。

（2）胡萝卜片叠放整齐，不可叠得过高，一般将片排成阶梯形。

（3）左手按稳胡萝卜片，右手持刀要稳，下刀均匀恰当。

三、任务实施

（1）教师示范，操作步骤如图所示。

洗净，修料	左手按料，右手持刀
直刀切片	直刀切成丝，原料成形

细丝
视频

（2）学生根据教师示范步骤和教学要求，完成实训任务。

四、任务思考

（1）简述细丝的成形规格。

（2）切细丝时要注意哪些操作要领？

子任务四　银针丝

一、任务知识

1.银针丝的规格

银针丝长约 6 cm、粗约 0.1 cm。

2.练习方法

（1）将原料洗净放置在砧板上，用直刀法切成薄片，将薄片斜叠排成阶梯形。

（2）再用直刀法将薄片切成长约 6 cm、粗约 0.1 cm 的丝。

二、任务分析

1.原料准备

青萝卜。

2. 工艺流程

洗净→修料→用直刀法将青萝卜切成薄片→斜叠排成阶梯形后切成丝→原料成形。

3. 训练要领

（1）切青萝卜片时注意厚薄均匀。

（2）青萝卜片叠放整齐，不可叠得过高，一般将片排成阶梯形。

（3）左手按稳青萝卜片，右手持刀要稳，下刀均匀恰当。

三、任务实施

（1）教师示范，操作步骤如图所示。

银针丝
视频

| 洗净，修料 | 直刀切片 | 直刀切成丝，原料成形 |

（2）学生根据教师示范步骤和教学要求，完成实训任务。

四、任务思考

（1）简述银针丝的成形规格。

（2）切银针丝时要注意哪些操作要领？

任务四　球

球是指原料烹制熟后收缩或卷曲略呈圆状的块形或件形，通常要在原料上用刀剞上花纹。由于原料的性质不同，球形的加工方法也不同，形状大小也会有所差异。

常见的球形菜肴有鸡球、肾球、鱼球、虾球等。

子任务一　鸡球

一、任务知识

1. 鸡球的规格

鸡肉加工成厚 0.4 cm 的片，在肉面上剞上井字纹，切成长 4 cm 方形。

2. 练习方法

（1）将原料洗净，去骨去皮，用平刀片的方法将原料加工成厚 0.4 cm 的片。

（2）在肉面上剞上井字纹，改刀切成长 4 cm 方片即可。

二、任务分析

1.原料准备

鸡胸肉。

2.工艺流程

选料→洗净去皮→改刀→原料成形。

3.训练要领

（1）片鸡胸肉时，厚薄均匀一致。

（2）在鸡胸肉面上剖花刀时注意深度保持一致，不可切断原料。

三、任务实施

（1）教师示范，操作步骤如图所示。

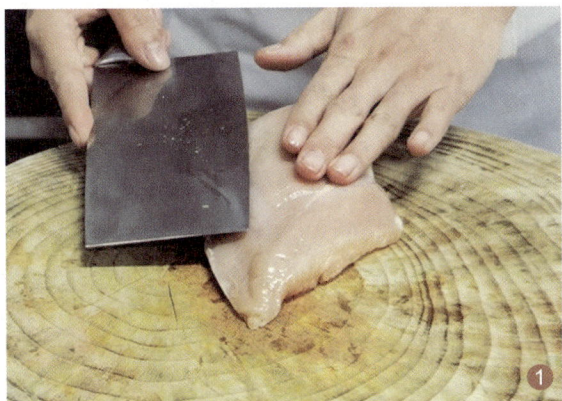

左手按料，右手持刀

将原料片成厚 0.4 cm 的片

在肉面剖上井字纹

改刀切成长 4 cm 的方片

鸡球
视频

（2）学生根据教师示范步骤和教学要求，完成实训任务。

四、任务思考

（1）简述鸡球的成形规格。

（2）简述鸡球的成形方法。

Note

71

子任务二　肾球

一、任务知识

1. 肾球的规格

将鹅胗或鸭胗对半切开，去掉胗衣，得到四块胗肉，在胗肉平面上剞上井字花纹，刀距横竖均为 0.35 cm，深度为胗肉厚度的五分之四，不可切断。

2. 练习方法

（1）将原料洗净，去胗衣，对半切开。

（2）在胗肉平面上剞上井字花纹即可。

二、任务分析

1. 原料准备

鸭胗。

2. 工艺流程

选料→洗净，去胗衣→在胗肉平面上剞上井字花纹，改刀→原料成形。

3. 训练要领

（1）加工肾球之前，先将胗衣去除，清洗干净。

（2）在胗肉平面上剞上井字花纹，刀距横竖均为 0.35 cm，深度为胗肉厚度的五分之四，注意不可切断。

三、任务实施

（1）教师示范，操作步骤如图所示。

肾球
视频

将原料洗净，去胗衣，对半切开

在胗肉平面上剞上井字花纹

刀距横竖均为 0.35 cm，深度为
胗肉厚度的五分之四

原料成形

Note

（2）学生根据教师示范步骤和教学要求，完成实训任务。

四、任务思考

（1）简述肾球的成形规格。

（2）简述肾球的成形方法。

子任务三　带皮鱼球

一、任务知识

1.鱼球的规格

在鱼肉面上剞上斜井花纹，然后切成件。龙利鱼球、山斑球、乌鱼球、塘利球、鳝球等切法相同。

2.练习方法

（1）将原料去骨洗净。

（2）在鱼肉面上剞上斜井花纹，改刀切成件即可。

二、任务分析

1.原料准备

鳝鱼。

2.工艺流程

选料→宰杀，去骨→不带皮的一面剞上斜井花纹→改刀成件→原料成形。

3.训练要领

（1）鱼球加工之前清洗干净。

（2）鱼肉剞刀时，下刀间距均匀一致。

（3）鱼球采用剞斜井花纹，并改刀成长度一致的件。

三、任务实施

（1）教师示范，操作步骤如图所示。

取带皮的鱼肉

鱼肉面上剞上斜井花纹

带皮鱼球
视频

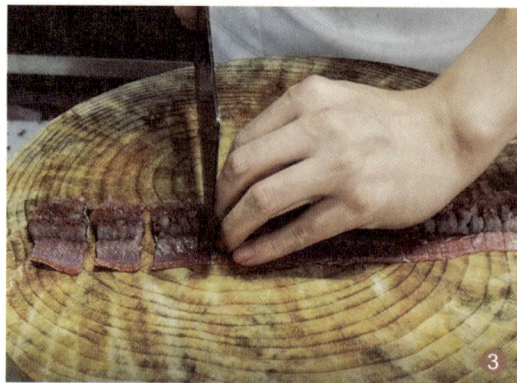
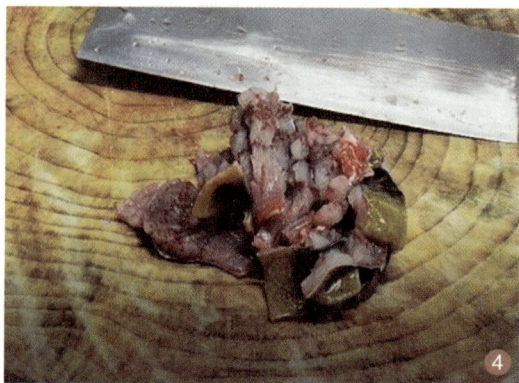

改刀切成件   原料成形

（2）学生根据教师示范步骤和教学要求，完成实训任务。

四、任务思考

（1）简述带皮鱼球的成形方法。

（2）带皮鱼球适合做成哪些菜肴?

子任务四　去皮鱼球

一、任务知识

1. 鱼球的规格

将去皮的鱼肉切成长 6 cm、宽 2 cm、厚 0.8 cm 的日字形块，成熟后即为去皮鱼球。常见的去皮鱼球有鲈鱼球、生鱼球、石斑球等。

2. 练习方法

（1）将原料去骨、去皮，洗净。

（2）改刀切成长 6 cm、宽 2 cm、厚 0.8 cm 的日字形块即可。

二、任务分析

1. 原料准备

鲈鱼。

2. 工艺流程

选料→宰杀，去骨、去皮→改刀成件→原料成形。

3. 训练要领

（1）鱼皮去除干净，带红的鱼肉要剔除。

（2）片鱼肉时采用斜刀法加工。

三、任务实施

（1）教师示范，操作步骤如图所示。

去骨、去皮，洗净

切成长 6 cm、宽 2 cm、
厚 0.8 cm 的日字形块

原料成形

去皮鱼球
视频

（2）学生根据教师示范步骤和教学要求，完成实训任务。

四、任务思考

（1）去皮鱼球除了有鲈鱼球、生鱼球、石斑球外，还有哪些鱼肉也适合做？

（2）简述去皮鱼球的成形规格。

子任务五　虾球

一、任务知识

1. 虾球的规格

剥去虾的头、外壳，沿虾背切开，深度约八成深，取出虾肠洗净即为虾球。

2. 练习方法

（1）将原料去头、去外壳。

（2）沿虾背切开，深度约八成深，取出虾肠洗净即可。

二、任务分析

1. 原料准备

基围虾。

2. 工艺流程

选料→去头、去外壳→沿虾背改刀→原料成形。

3. 训练要领

（1）加工虾球之前，将虾头、虾壳去除干净。

（2）沿虾背切开时，两边的厚度要一致，深度约八成深。

（3）去除虾肠洗净。

三、任务实施

（1）教师示范，操作步骤如图所示。

Note

去除虾头和虾壳

沿虾背切开，深度约八成深

（2）学生根据教师示范步骤和教学要求，完成实训任务。

四、任务思考

（1）虾球的操作方法有哪些？

（2）用虾球做成的菜肴有哪些？

任务五　料头花

料头花可分为两类，一类是以葱作为原料，开边切细，称为葱花；另一类则是将原料（多为植物性原料）改刀切成各种图案，如花、鸟、蝴蝶、老鹰、鱼、虾、仙桃等。例如，以笋为原料的叫作笋花，以胡萝卜为原料的叫作萝卜花，以姜为原料的叫作姜花。

1. 杉树

将原料修整为等腰三角形

底部三等分切一刀，去废料

翻转三分之一处切去废料

顶部切成齿纹状

翻转过来切成齿纹状

杉树完成

虾球
视频

杉树
视频

2. 兔子

先把胡萝卜切成长方形

中间靠上的位置切出嘴巴

斜刀去废料

切出兔子的耳朵

在耳朵下方斜刀切去废料

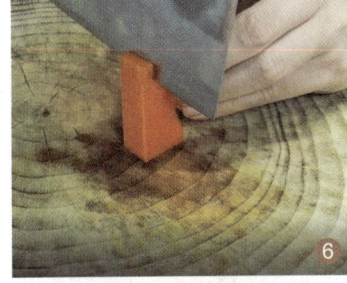

切出兔子前腿与嘴

切出兔嘴，将嘴巴修圆

切出兔子的前腿

斜刀去除前腿的废料

切出兔子的尾巴

翻转斜刀去废料

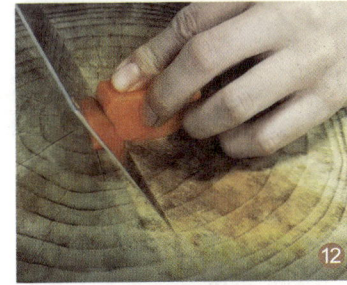

切出尾巴修圆

切出后腿

斜刀去废料

兔子完成

兔子
视频

3. 翔鹰

先把胡萝卜竖切一分为二

底部切平

上面三分之一处切出头部

斜切一刀，去废料

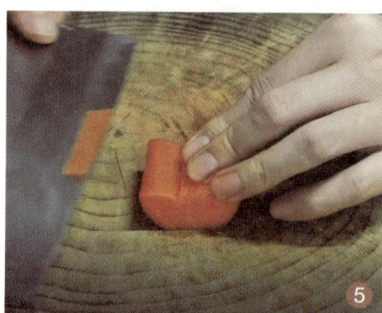

转到另外一边，去废料

切出尾部

从边缘斜切，去废料，出翅膀

另外一边同样操作

切出翅膀的羽毛

另外一边同样操作

切出尾部

翔鹰完成

4. 小鸟

先将萝卜切成长方体

从头部带弧度往后面推下压

形成带有坡度的梯形

在头部边缘斜切一刀

再下弯带点圆形的弧度

调转过来，带点弧度去废料

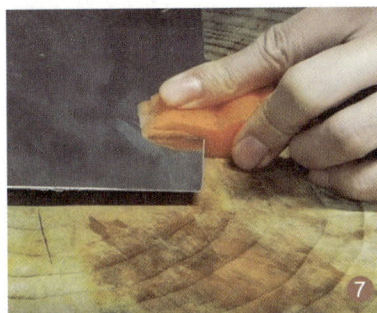

切出小鸟的翅膀

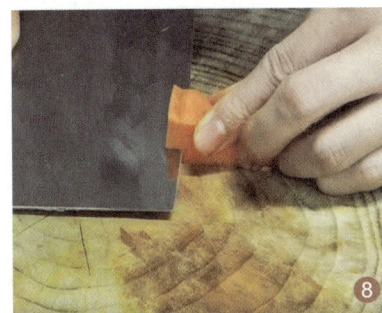

调转过来，在下面平切一刀

从边角进去然后走S形切

调转过来，切出小鸟的尾巴

切出小鸟的长尾羽

小鸟完成

小鸟
视频

Note

任务六　丁、粒、松

丁一般采用直切，为角度均匀、大小相等的正方体小粒。丁的成形一般是先将原料切成厚片或斩成条，再将条切或斩成丁。切丁与切片的刀距相同，丁的大小取决于条的粗细，常用规格为边长 0.8～1.5 cm 的方块。

粒的成形加工方法与丁相同，体积约是丁的 1/2。

松的大小犹如米粒或豆粒大小，一般将原料先切片或片成薄片，再切成丝，最后将丝横切成幼粒。有时可用剁、铡的方法切细而成。

子任务一　丁

一、任务知识

1. 骰子形丁的规格

骰子形丁又叫正方丁，大丁边长为 1.5 cm；中丁边长为 1.2 cm；小丁边长为 0.8 cm。

2. 练习方法

（1）先按规格要求的边长将原料切成条。

（2）再按规格要求的边长将切成条的原料改刀切成正方丁。

二、任务分析

1. 原料准备

胡萝卜。

2. 工艺流程

选料→修整→改刀→原料成形。

3. 训练要领

（1）胡萝卜在改刀时要厚薄一致，大小均匀。

（2）切好的胡萝卜要叠放整齐，不可过高，一般采用平叠法。

（3）条的粗细要一致。

（4）根据成菜要求，切成不同规格的丁。

三、任务实施

（1）教师示范，操作步骤如图所示。

| 洗净，修料 | 直刀切段 | 直刀切成丁，原料成形 |

丁视频

（2）学生根据教师示范步骤和教学要求，完成实训任务。

四、任务思考

（1）加工成丁的菜肴有哪些？
（2）简述丁的成形规格。

子任务二　粒

一、任务知识

1. 粒的规格

粒比丁小，体积通常是丁的 1/2，边长为 0.5 ～ 0.8 cm。

2. 练习方法

（1）先按规格要求的边长将原料改刀切成条。
（2）再按规格要求的边长将切成条的原料改刀切成粒。

二、任务分析

1. 原料准备

火腿。

2. 工艺流程

选料→改刀→原料成形。

3. 训练要领

（1）火腿在改刀时要厚薄均匀。
（2）切好的火腿片要叠放整齐，不可过高，一般采用平叠法。
（3）条的粗细要一致。
（4）根据成菜要求，切成不同规格的粒。

三、任务实施

（1）教师示范，操作步骤如图所示。

左手按料，右手持刀　　　直刀切片　　　直刀切成粒，原料成形

粒视频

（2）学生根据教师示范步骤和教学要求，完成实训任务。

四、任务思考

（1）加工火腿粒时需要注意哪些事项？

（2）简述粒的成形规格。

子任务三　松

一、任务知识

1. 松的规格

松比粒更小，根据其大小，通常可分为绿豆粒、米粒等。绿豆粒的规格是边长为 0.3 cm 的正方体；米粒的规格是边长为 0.2 cm 的正方体。

2. 练习方法

（1）先按规格要求的边长将原料改刀切成条或丝。

（2）再按规格要求的边长将切成条或丝的原料改刀切成松。

二、任务分析

1. 原料准备

青椒。

2. 工艺流程

选料→改刀→原料成形。

3. 训练要领

（1）青椒在改刀时要厚薄均匀。

（2）切好的青椒叠放整齐，不可过高，一般采用瓦楞状叠法。

（3）丝的粗细要一致。

（4）根据成菜要求，切成不同规格的松。

三、任务实施

（1）教师示范，操作步骤如图所示。

| 洗净，切料 | 直刀切丝 | 改刀切松，原料成形 |

松视频

（2）学生根据教师示范步骤和教学要求，完成实训任务。

四、任务思考

（1）简述松的成形规格。

（2）松与粒有什么区别？

模块二

冷拼技术

冷拼基础知识

知识目标

（1）了解冷拼的概念、分类方式。
（2）熟悉冷拼在宴会中的作用。
（3）掌握中国冷菜与冷拼的形成发展历程。
（4）理解冷拼菜品营养平衡的内涵与实现方法，清楚各类营养素的搭配要点。
（5）熟悉冷拼菜品制作环境、工具设备、原料、过程及操作人员的卫生要求与控制要点。

能力目标

（1）能够准确识别冷拼制作原料的特性、产地与质量的关系、不同部位的特征，鉴别原料质量。
（2）能够依据冷拼制作的原则和基本要求，合理选择原料、盛器进行色彩搭配与造型设计。
（3）熟练运用冷拼制作的基本步骤，包括一般冷拼和花色冷拼的拼摆步骤，完成冷拼制作。
（4）精准掌握冷拼制作的各种拼摆手法，如排、堆、叠、围、摆、扣等，并灵活运用到实际操作中。
（5）能够根据不同场合和需求，创新冷拼设计，解决冷拼制作过程中出现的实际问题。

思政目标

（1）强化学生责任担当，认真做好冷拼各环节工作，确保食品安全与质量。
（2）鼓励学生开拓创新，在冷拼创作中突破传统，展现独特艺术魅力。
（3）培养学生节约美德，高效利用冷拼原料，践行绿色餐饮理念。

扫码看课件

任务一 冷拼概述

一、冷拼的概念和作用

1.冷拼的概念

冷拼是指将经过精心加工、在常温下可直接食用的冷菜，通过多样化的刀工技巧和拼摆手法，整齐且美观地置于盛器中，形成具有特定形状或图案的冷菜成品。冷拼是一门独特的艺术，它能按照既定的次序、层次和位置，将多种冷菜原料巧妙组合，创作出飞禽走兽、花鸟虫鱼、山水园林等图案，以供客人领略其艺术之美。

2.冷拼的作用

冷拼作为宴会之首，以其绚丽的色彩、精细的刀工和独特的造型呈现在客人面前，给客人带来造型、色彩、气味的直观感受，极大地激发了客人的食欲，更在无形中对客人的整体用餐体验有着举足轻重的影响。

冷拼作为"迎宾第一菜"，能够直接、生动地给客人留下深刻印象。冷拼满足了客人对美食的

Note

期待，同时也提升了宴席的档次。

随着时代的进步和生活水平的提高，人们对营养与健康的追求日益凸显。由于冷拼能够最大限度地保留食品原料的营养成分，因此受到越来越多人的喜爱。这为冷拼提供了更广阔的市场空间，也为餐饮行业带来了新的发展机遇。积极开拓冷拼的制作方式，不仅可以满足消费者的多样化需求，还能进一步推动餐饮市场的繁荣发展。

二、中国冷菜与冷拼的发展

中国冷菜的起源可追溯到周代，并经历了与热菜并存和融合的漫长历史。根据史料记载，先秦时期，冷菜尚未从热菜系列中完全独立出来，未形成特定的冷食菜品类型。直至明清时代，冷菜技艺达到高峰，原料及工艺方法不断创新与发展。此时，许多专门的冷菜工艺方法（如糟法、醉法、酱法、风法、卤法、拌法、腌法等）得以确立，同时冷菜原料也得以丰富，这充分说明了中国冷菜工艺十分高超。

冷拼在中国也有着悠久的历史。据现存文献记载，早在春秋战国时期，古人对菜肴造型就有严格的要求。孔子曾提出"食不厌精，脍不厌细"和"割不正不食，不得其酱不食"的观点。《礼记》提到的"钉"即为凉拼盘。明人杨慎在《升庵集》中引用《食经》的解释，"斗钉"即为将食品拼作花卉、禽类造型，这一描述与现今的花色冷拼相似，强调色调配合、形态美和拼摆技巧。

在唐宋时期，冷拼有了较大发展。它逐渐从肴馔系列中独立出来，成为酒宴上的特色佳肴。唐朝的《烧尾筵》记载了用五种肉类拼制成的"五生盘"。宋代陶穀的《清异录》详细记载了厨师利用多种冷拼材料拼摆出大型风景冷拼图案，展现了高超的冷拼工艺技术。此后，在元、明、清等历史时期，随着社会生产力的提高，冷拼制作艺术得以快速发展。

随着历史的演进，冷菜逐渐从热菜中独立出来，形成独具特色的菜品系列，品种由单调向丰富转变，工艺技术由简单向精湛演进。近年来，中国冷拼工艺取得了飞跃式发展。烹饪工作者在传承和发扬传统烹饪工艺的基础上不断创新，冷拼成为中国烹饪艺术中一朵璀璨的花朵。

三、冷拼的分类

通过科学的方法对冷拼进行系统分类，对明确不同种类之间的共性与差异，深入剖析冷拼造型规律及摆盘技巧，推动冷拼技术的持续发展，均具有重要意义。在冷拼的分类过程中，由于地域差异和分类标准的不同，导致分类结果呈现出多样性，以下是冷拼的几种主要分类方法。

1. 根据冷拼工艺的难易程度分类

（1）一般冷拼（或称普通冷拼）：指通过简洁明快的拼制技巧，将经过加工的冷菜有序地置于盘中。其造型简洁大方，着重展现冷菜的食用价值，适用范围广。

（2）花色冷拼：指经过精心策划与加工，将冷菜拼制成既具有艺术美感又具备食用价值的拼盘。此类冷拼不仅味道可口，更具备较高的观赏价值。

2. 根据冷拼造型的空间构成分类

（1）平面造型：此造型借鉴了浮雕的造型特点，在盘子平面上精心布置起伏不大的造型形象，其起伏程度与盘面尺寸相协调，旨在提供特定角度下的审美体验。

（2）立体造型：此造型类似于整雕的造型，在盘子平面上塑造出三维空间形象。观者能体验其美观与强烈的立体感。此类造型要求食用性与观赏性兼备，旨在提供真实且富有艺术感的审美体验。

（3）半立体造型（也称卧式造型）：在花色冷拼制作中，此造型颇为常见。它巧妙融合立体造型与平面造型的特点，将可食用冷菜切割成小块造型，以凸起状态堆叠于盘内，并按照设计需求覆以各类整齐的冷菜原料，形成精美图案。此造型的冷拼不仅美观且易于制作，兼具食用与观赏双重价值。

3. 根据冷拼所使用的盘碟数量分类

（1）单盘设计：通过精选多种冷菜食材，精心拼装于单一大盘之上，旨在创造独特的视觉形态。

（2）多盘组合设计：该策略涉及多只不同尺寸的盘碟。将各类冷菜分别拼装于不同的盘碟中，形成具有特定图案和造型的个体单元，再将这些单元有机组合，构成一组具有整体美感和视觉冲击力的大型造型图案。

4. 根据冷拼造型的形象艺术特征分类

（1）抽象造型：主要包含几何造型与图案造型两大类别。

①几何造型，如菱形、球形和方形等。

②图案造型，以写意传神的手法，塑造富含深邃意境的图案，如"龙凤呈祥"和"麒麟"等。

（2）具象造型：该类造型极为丰富，可细分为动物类、花卉类、树木类、果实类、叶形类、景观类、器物类造型及其他类别造型。

①动物类造型，如锦鸡、雄鹰、熊猫、鲤鱼和蝴蝶等。

②花卉类造型，如牡丹花、菊花、荷花等。

③树木类造型，如梅花树、松树、椰树等。

④果实类造型，如葡萄、桃子等。

⑤叶形类造型，如枫叶、荷叶、芭蕉叶等。

⑥景观类造型，如北国风光和锦绣山河等自然美景。

⑦器物类造型，如以灯笼为主体展现的张灯结彩和以帆船为主体展现的一帆风顺等，体现了人文特色。

⑧其他类别造型，如"渔翁钓鱼"等独特场景。

（3）混合造型：将动物与植物、景观与器物、抽象与具象等多种元素有机结合，以达到形神兼备的艺术效果。

四、冷拼菜品的营养平衡与安全控制

1. 冷拼菜品营养平衡的基本内涵及其实现方法

（1）冷拼菜品营养平衡的基本内涵。

营养平衡，指根据人体生理需求，参照食物中各营养元素的含量，合理规划每日、每周或每月的膳食方案，以确保摄入的蛋白质、脂肪、碳水化合物、维生素、膳食纤维及矿物质等营养要素达到合理的比例，实现人体消耗与食物供给之间的营养平衡。

进入 21 世纪后，我国在农业等领域取得了显著进步，为烹饪提供了丰富多样的原料。随着全球饮食文化与烹饪技术的深入交流，冷拼菜品所采用的原料也越来越丰富，其中，动物性原料（如禽类、水产类及畜类肉制品）占比较大，而乳制品、豆类及其制品和植物性原料占比较小。动物性原料富含优质动物蛋白、脂肪酸及部分脂溶性维生素，但缺乏碳水化合物、水溶性维生素、无机盐及膳食纤维等营养成分。

因此，为满足人体需求，冷拼菜品所采用的原料应以多样化为基本原则，通过搭配使用多种原料，确保冷拼菜品所含营养素种类齐全，符合人体生理需求。

"五谷为养，五果为助，五畜为益，五菜为充"。古人对营养平衡已有深刻认识。在冷拼菜品制作过程中，应依据每种原料所含营养素的种类和数量进行合理选择和科学搭配，以实现各原料在营养素种类和数量上的互补与平衡，进而提升冷拼菜品的营养水平。从现代营养学视角来看，合理膳食或平衡膳食对于维持人体健康至关重要。因此，冷拼菜品原料品种的多样化和营养素种类的齐全性，成为衡量冷拼质量的重要标准之一。

（2）冷拼菜品营养平衡的实现方法。

营养平衡是就餐者为满足自身生理需求而摄取营养素，并使不同营养素之间实现生理平衡。这涉及碳水化合物、脂类、蛋白质等的比例均衡，蛋白质中所含必需氨基酸的比例平衡，饱和脂肪酸与不饱和脂肪酸之间的比例均衡等。因此，在冷拼菜品的制作与搭配过程中，为达到营养平衡，应以几个方面进行考量。

①原料选择多样化。

我国冷拼菜品的原料充足，原料选择多样化。

在冷拼菜品的制作过程中，应根据各种原料所含的营养素种类和数量进行科学的选择与搭配，以实现营养素的互补与平衡。通过合理搭配，可以弥补不同原料在营养素种类和含量上的不足，提高冷拼菜品的整体营养水平，从而满足人体对营养素的全面需求。

②保持各种营养素之间功能和数量上的平衡。

冷拼菜品的营养平衡应确保各营养素在功能和数量上的均衡，这主要包含以下几个方面。

a.关于碳水化合物、脂肪、蛋白质等营养素比例的均衡。在冷拼菜品组合中，菜品往往富含较高的蛋白质和脂肪，碳水化合物的含量较低，尤其是淀粉所提供的热能比例较少。这些营养素的比例难以完全达到《中国居民膳食营养素参考摄入量》所推荐的标准。应尽可能保持它们之间的相对平衡，以适应人们的日常饮食习惯，减轻消化系统的负担，从而有利于营养素的消化和吸收。

b.热能消耗量与硫胺素、核黄素、烟酸之间的平衡。硫胺素、核黄素、烟酸与能量代谢密切相关，其需求量随热能需求的增加而增加。同时，维生素之间也存在相互影响的关系。研究表明，缺乏硫胺素会导致组织中核黄素水平下降。因此，维持硫胺素、核黄素、烟酸之间的平衡至关重要，避免因摄入过多单一营养素而引起代谢紊乱。

c.脂肪酸之间的平衡。营养学专家普遍倡导均衡营养，建议脂肪酸的比例达到一定的平衡。脂肪酸根据分子结构分为不饱和脂肪酸和饱和脂肪酸。不同脂肪酸对人体生理功能的影响各有利弊。不饱和脂肪酸虽然消化吸收率较低，但能降低心血管系统疾病的风险。然而，过量摄入不饱和脂肪酸可能会增加体内不饱和游离基团，其与某些癌症（如肠癌和乳腺癌）的发生有关。饱和脂肪酸摄入过多易导致胆固醇和甘油三酯水平升高，对心血管健康构成威胁。因此，在制作冷拼菜品时，应尽量减少或不使用饱和脂肪酸含量高的食材。同时，我们也应正确认识到饱和脂肪酸对人体大脑生长和发育的重要性。

2. 冷拼菜品安全控制

（1）冷拼菜品制作环境的卫生要求。

鉴于冷拼菜品在制作工艺上的独特性，饮食行业通常将其作为一个独立的系统来管理，一般可分为熟食间、冷拼间、冷碟房。专门用于冷拼制作的场所，必须满足严格的卫生条件，确保四壁光洁、窗明几净，形成相对隔绝的环境，有效防止冷拼菜品受到污染。此外，冷拼间应配备换气通风设备及恒温设施，确保空气流通，维持操作环境的清新，为操作人员创造无汗操作环境。通常，冷拼间环境温度应控制在 10 ～ 20 ℃，用以控制冷拼菜品的自氧化程度，这是防止冷拼菜品腐败变质的关键措施。

（2）冷拼菜品制作工具与设备的卫生控制。

①冷拼菜品制作工具的卫生控制。

在冷拼菜品的制作流程中，与冷拼菜品原料直接接触的制作工具，如各类刀具、用具（含夹子和模具等）、砧板以及各类辅助工具，应为专用工具。同时，为确保食品安全与卫生，这些工具在使用前必须经过严格的杀菌消毒流程。在操作中务必遵循烹饪行业所提倡的"双刀双板"原则，即生熟食材分开加工，以有效防止交叉污染，确保冷拼菜品的质量与安全。

②冷拼间设备的卫生控制。

冷拼间设备的卫生控制至关重要，其中常用的设备包括用于存放原料和成品的冰箱、冰柜、货橱，以及操作台、货架等。为确保食品质量和安全，冰箱或冰柜内的温度应严格控制在 5～10℃，冰箱或冰柜应进行日常清理，并每周进行一次彻底清洗，确保内部环境始终保持清洁卫生。此外，存放于冰箱或冰柜内的原料或成品应用保鲜膜密封，以防不同食材之间的味道相互渗透。货橱、操作台和货架应采用不锈钢材质，以便清洁油腻污物，杜绝微生物生长繁殖。冷拼间设备应每日进行清洗，以确保其整洁卫生。

（3）冷拼菜品制作原料的卫生与安全。

在冷拼菜品制作过程中，原料的选取与运用必须秉持极其严谨的态度，原料的卫生与安全是冷拼菜品卫生质量与安全性的核心保障。必须坚决摒弃使用腐败、变质、发霉、受虫蛀以及带有异味的原料，从根本上确保冷拼菜品的卫生与安全得到全面保障。如蔬菜类原料，应优先选择"绿色蔬菜"，严禁采用农药残留量超标的原料。

（4）冷拼菜品制作过程的卫生与安全。

第一，手部卫生与消毒。在冷拼菜品制作过程中，手与原料或成品的接触难以避免，因此，冷拼间操作人员在进入工作区域前，必须确保手部清洁。通常可采用 0.03% 的高锰酸钾溶液或 75% 的酒精擦洗双手，以确保手部卫生。

第二，着装规范。冷拼间工作人员在进入操作区前，必须穿戴整齐的工作服、工作鞋、工作帽和口罩，严禁非工作人员随意进出，以保障工作环境和菜品的卫生安全。

第三，冷拼菜品制作效率要求。冷拼间工作人员应熟练掌握冷拼菜品制作技术，操作迅速准确，尽量缩短冷菜切配和成形时间。冷菜拼摆时间越长，污染风险越大。一般情况下，小型单盘冷拼应在数分钟内完成，大型花式冷拼应在 30 分钟内完成。

第四，冷拼菜品保鲜措施。冷拼菜品成形后，应立即加盖或用保鲜膜密封保存，直至就餐者食用前由服务人员揭开。此举旨在防止菜品污染，同时保持菜品水分，防止因失水导致菜品变形、变色，确保菜品风味。

第五，冷拼菜品隔日使用卫生管理。在餐饮行业中，冷拼菜品常需批量生产。当日剩余冷拼菜品在适当保存和重新加热后可隔日使用，但应确保卫生和安全。剩余冷拼菜品应重新回锅加热后冷藏保存，次日使用前再次烹制。夏季时，热制冷吃的菜品每隔 6 小时应再次加热。对不宜回锅加热的冷拼菜品，不建议隔日使用，应予以废弃。

第六，冷拼菜品点缀卫生与安全要求。冷拼菜品点缀虽不直接食用，但其卫生与安全同样重要。用于点缀的瓜果蔬菜等原料必须清洗干净并消毒后方可使用。严禁使用不可生食的原料和可能对人体造成伤害的物料，如铁丝、竹签等。同时，禁止使用人工合成色素和化学胶水等有害物质，以免危害人体健康。

（5）冷拼间操作人员的卫生要求。

冷拼间操作人员应严格遵循个人卫生标准。务必保持清洁，包括定期洗澡、理发、更换衣物和修剪指甲。操作人员应严格禁止佩戴任何可能污染食品的首饰。此外，为确保食品安全，冷拼间的操作人员应定期接受身体检查，持有有效的健康证方可上岗。一旦发现患有传染病的人员，应立即进行调离，并对冷拼间进行全面、彻底的消毒处理。

任务二　冷拼制作方法

一、冷拼制作原料识别与选用

在烹饪的切配与烹调环节中，首要任务是精准选择和细致鉴别原料。因为菜肴的最终品质，不仅取决于烹饪技艺的精湛程度，更与原料本身的质量密切相关。若采用质量欠佳的原料，即便烹饪技术再高超，也难以制作出优质的菜肴。对于冷拼制作原料的选择与鉴别，通常应注意以下要点。

1. 了解原料特性

不同的原料具有不同的质地、口感、色泽和营养价值，这些特性直接影响冷拼菜品的整体呈现和口感体验。在选择原料时，需要充分了解各种原料的特性，如肉质、脂肪含量、纤维结构、水分含量等，以便根据菜品的需求进行合理搭配和选择。

肉类原料要根据肉质和脂肪含量来选择。瘦肉质地细嫩，口感鲜美，适用于制作精致的冷拼菜品；肥肉油脂丰富，口感醇厚，可用于增加菜品的香味和口感层次。

蔬菜类原料要根据色泽、口感和营养价值来选择。绿色蔬菜色泽鲜艳，口感清脆，富含多种维生素和矿物质，是冷拼菜品中不可或缺的元素。根茎类蔬菜口感丰富，味道浓郁，可用于增加菜品的口感层次和风味。在选择蔬菜类原料时，要注意原料的新鲜度和成熟度，以及是否有农药残留等问题。

海鲜类原料要根据新鲜度和品种特性来选择。新鲜的海鲜口感鲜美，肉质细嫩，是制作冷拼菜品的上乘之选。不同的海鲜品种具有不同的口感和风味特点，如虾肉的鲜嫩、蟹肉的鲜甜等。在选择海鲜类原料时，要注意原料的产地、捕捞季节和保存方式等，确保所选原料的品质和口感。

2. 了解原料的产地与质量的关系

原料的产地决定了它独特的生长环境和气候条件，这些自然因素直接影响原料的口感、营养价值和风味特点。例如，一些特定产地因其土壤肥沃、水源纯净，产出的蔬菜色泽鲜艳、口感清脆，具有独特的鲜美味道。同样，某些海域因水温适宜、水流清澈，产出的海鲜肉质鲜嫩、口感醇厚，备受食客青睐。

在冷拼制作中，选择优质原料是保障菜品口感和风味的基础。为了确保原料的产地和质量，应该积极寻找可靠的供应商，与信誉良好的农户、渔民或渔场建立长期的合作关系。同时，还应该关注原料的产地信息，了解原料的生长环境和养殖方式，确保所选原料具备独特的口感和风味特点。

3. 熟悉原料不同部位的特征

原料不同部位的特征对冷拼质量的影响至关重要，因为不同部位在口感、营养价值和美观性等方面都存在显著差异。动物性原料的肉质有老、嫩、肥、瘦、筋多、筋少之分，这直接决定了烹饪方法和冷拼的口感。植物性原料的根、茎、叶也有老、嫩、粗、细、大、小之分，这同样会影响冷拼的口感。冷拼作为一种注重摆盘和美观的菜肴，原料的不同部位的特征会影响其整体视觉效果。通过巧妙地利用原料的颜色和形状，可以制作出层次丰富、色彩鲜艳的冷拼菜肴。

4. 鉴别原料的质量

烹饪原料质量的优劣，不仅对菜肴的色、香、味、形有着直接影响，更对客人的健康安全至关重要，这是每位烹饪工作人员必须高度重视的。对于原料的选取，应严格遵循以下要求。

（1）必须使用健康的家畜、家禽、水产品等原料，尤其是海产品，必须确保其新鲜度，以防病原体对客人的健康造成威胁。

（2）含有生物毒素的食材，如某些鱼、蟹、虾、野菜、果仁、菌类等，以及含有毒素的香料、色素等，均不得作为烹饪原料使用，以防止食物中毒事件的发生。

（3）任何原料均不得出现腐败、发霉、变味、虫蚀、鼠咬等现象。对原料质量的鉴别，通常可采取感官鉴定、理化检验以及微生物检验等多种方法，其中感官鉴定方法因其便捷性而常被采用。该方法主要通过人的感官（如眼、鼻、口、手等）对原料的形状、色泽、气味、质地等外部特征进行鉴定。对于经验丰富的烹饪工作人员而言，通过观察原料的表面颜色或触摸其外部，即可判断其新鲜度。

二、冷拼制作的基本要求、步骤与方法

冷拼制作是一项精细的艺术，旨在对加工整理后的原料进行烹调或腌渍处理并拼摆成形，以制成口感美感兼具的冷菜。在此过程中，制作人员不仅需要精湛的烹调技术，还应熟练掌握刀工技艺和装盘技巧。制作人员应具备一定的艺术素养，以确保冷菜、冷拼在视觉上的吸引力。同时，科学性也是制作过程中不可忽视的一环，必须根据就餐人数、价格标准以及饮食习惯等因素进行合理设计，以确保冷菜、冷拼在色、香、味、形、器等各方面均达到要求。

1.冷拼制作的原则和基本要求

冷拼制作旨在将冷菜依据特定的规格标准，精心组装于特定形状的盛器中。它不仅要求形、器皆臻于完善，还要求精准掌握冷拼制作的原则与基本要求，以确保最终呈现的艺术效果与食用体验均达到上乘水平。

（1）观赏性和食用性相结合。

在冷拼制作的实践中，首要原则是观赏性与食用性的和谐统一。在此过程中，确保冷拼的食用价值占据主导地位，同时注重其观赏价值的提升。应强调的是，在冷拼制作过程中，这两者必须相辅相成。一方面，应避免片面追求视觉上的美观而忽视食用性；另一方面，也不能只考虑食用性而忽略艺术美感。在拼摆时，应依据冷菜的独特属性，以精美的造型呈现，既令人赏心悦目，又能在味觉、嗅觉、视觉等多维度上提供立体、全面的享受，以满足人们的生理需求与心理需求。

（2）形态美观。

在冷拼制作的拼摆过程中，应以打造令人愉悦的视觉体验为基本原则。在选择冷拼图案时，应综合考虑客人的国籍、地域背景、年龄层次、宗教信仰、日常饮食习惯以及个人的偏好与禁忌，避免使用客人忌讳的图案作为冷拼装饰。

（3）刀工精细。

在进行食材切制时，应确保采用适当的造型和精确的刀法，以确保各种原料的形状在长度、粗细、厚薄上均达到均匀一致的标准。务必追求整齐划一、干净利落的切制效果，同时严格避免连刀现象的发生。这样既能确保原料成形的准确性，又能保障其食用时的便捷性。

（4）色彩艳丽。

在冷拼制作的拼摆过程中，色彩的搭配至关重要。通过精心选择不同色彩的冷菜原料，运用色相对比、明暗对比、冷暖对比、补色对比等多种技巧，营造出色彩鲜艳、素雅大方、和谐悦目、自然协调的视觉效果。在此过程中，必须严格遵循食品安全和卫生标准，严禁使用人工色素，并避免原料的重复使用，以确保食品的质量与安全。

（5）选好盛器。

"美食需配美器"。在冷拼制作的拼摆过程中，选择合适的盛器至关重要。盛器的选择应充分考量冷拼的类型与式样，确保其相互呼应；同时，应考虑盛器与冷拼色泽的和谐统一，以及形状上的协调一致。此外，盛器的大小还应与冷拼的数量相匹配，确保整体呈现的美观性。如此精心挑选的盛器，方能确保冷菜拼摆出的图案形象清晰、悦目，充分展现其艺术性。

（6）防止菜与菜之间串味。

在冷拼制作的拼摆过程中，为了保障成品的质量，防止不同冷菜之间因相互串味而影响口感，应严格遵循拼摆规范。具体而言，应采用多样化的拼摆手法，确保浓味菜品与淡味菜品分隔摆放，无汁菜品与有汁菜品分隔布局，以及将味型相近的菜品进行有序拼装。这样，同一盘冷拼内的各类菜品便能各自呈现其独特风味。

（7）注重营养、讲究卫生。

食品的核心宗旨在于摄取营养，以满足人体所需。随着科学技术的持续进步，人们对饮食营养成分的需求正日益向科学化、系统化、合理化的方向发展，冷拼的终极目的在于满足人们的食用需求。因此，在冷拼的制作过程中，必须根据食用者的年龄、性别、身体状况等个体差异，注重荤素之间的搭配，以及各类原料间营养成分的合理配比，科学地设计含有不同营养成分的冷菜。在拼摆制作过程中，必须严格遵循卫生规范（包括原料卫生、个人卫生和环境卫生）。使用的工具、盛器必须经过消毒处理，确保生食原料与熟菜分开摆放。对于冷拼成品，建议使用保鲜膜进行封存后上桌，以确保食品的安全与卫生。

（8）节约用料。

冷菜用料虽讲究品质与特色，但也应避免浪费原料。在冷拼制作的拼摆过程中，必须恪守合理用料的原则，在确保质量与形态的基础上，力求减少不必要的损耗。具体而言，应秉持大料大用、小料小用、碎料充分利用的精神，对各类原料的用途有清晰认知，例如，哪些原料适宜作为垫底，哪些原料适合用作盖边或盖面等，应了然于心，以达到物尽其用。

（9）构思新颖、勇于创新。

在冷拼的艺术领域，构思的新颖性和创新的勇气，均体现在对传统技艺的深入继承与持续发展之上。我们应秉持不断变革与创新的理念，致力于与时俱进，适应时代的变迁；以开阔的视野和创新的思维，勇于拓展冷拼构思的边界，创造出既符合现代饮食卫生标准，又能满足广大消费者现代饮食需求的冷拼。

2. 冷拼制作的拼摆步骤

冷拼制作的拼摆步骤分为一般冷拼拼摆步骤和花色冷拼拼摆步骤。

（1）一般冷拼拼摆步骤。

一般冷拼的拼摆流程分为四个主要步骤：首先进行垫底，确保基础稳固；随后进行围边，以形成整体轮廓；接着是盖面，覆盖并完善整体造型；最后进行点缀，以增添色彩与细节，提升整体美感。

①垫底，在冷拼制作的拼摆工艺中，其表面图案的构造应追求简洁、明快的效果。垫底部分要求无须过分严苛，可以将刀工处理过程中产生的边角料或品质稍次的原料巧妙利用，以形成与预设图案形状相匹配的初步形态。在冷拼垫底的处理上，务必确保平整、服帖，为后续盖面成形的完美呈现奠定坚实基础。

②围边，也称群边、码边、盖边，指经过精细刀工处理，形状整齐的片、块、条等原料，在垫底碎料的边沿进行有序的组装。在围边过程中，片与片、条与条之间的间距必须保持匀称，以确保后续盖面及拼盘线条的流畅与美观。围边在整体拼摆流程中发挥着关键的连接作用，确保最终呈现效果的一致性与和谐性。

③盖面，也称装面、封顶或装刀面，其操作涉及将原料中最为优质的部分精细地切割为整齐、均匀的片、条、块等形状，随后将其层叠摆放。此过程中，常使用刀具铲起并托着所切物料，覆盖于垫底的碎料之上，并确保其稳固地压住围边原料的一端。这一步骤使整个拼盘呈现出高度整齐与美观的效果。

④点缀，在冷菜拼装完成后，依据其特色与要求，在冷盘的适宜位置精心放置一系列可食用的

装饰性菜品，旨在实施恰当的美化措施，进而对整个拼盘起到重要的烘托与渲染作用。

（2）花色冷拼拼摆步骤。

花色冷拼的拼摆流程相较于一般冷拼的拼摆流程显得更为繁复。通常，一般冷拼拼摆侧重于实用性和整洁美观的呈现。然而，花色冷拼拼摆不仅注重实用价值，更致力于追求艺术效果的表达，让人们在精神上获得美的愉悦。其拼摆步骤包括构思、命题、选料、垫底、盖面、点缀等。

①构思，是冷盘制作前不可或缺的一环，即通过深入思考和精细绘图的方式，为冷盘设计独特的图案。在打造花色冷拼时，尤其要注重造型的逼真度和形态的美观性。在构思阶段，应明确主题，精心挑选题材、内容和表现手法。这一过程中，必须充分考虑宴席的主题、规模与标准，宴席的季节性特点，就餐时间的长短，就餐环境的氛围，以及就餐宾客的特定需求，同时结合冷菜厨房的技术实力，进行综合考量与规划。

②命题，即为预先构思的图案形态，赋予其恰当的名称。在进行命题时，务必紧扣主题核心，确保名称与实际内容相契合，且应着重体现喜庆、吉祥的氛围。命题既应具备通俗易懂的特点，也应不失典雅之风范，避免过于浮夸。

③选料，选料是依据既定的构思与命题所确定的主题图案，进行冷菜的精心挑选。在此过程中，应确保各部位冷菜口味的和谐统一；同时慎重选择盛器的尺寸与样式，以确保整个冷拼组合的完整性与合理性。

④垫底，垫底是塑造构图初步形态的关键步骤。此步骤完成的好坏，将直接对整体冷盘的美观度产生深远影响。因此，在选择垫底原料时，应优先考虑那些具备较强可塑性、质地细腻且柔软的冷菜。同时，应特别关注雏形轮廓的象形性和平整度，以确保最终成品的精致与美观。

⑤盖面，盖面是根据垫底雏形，把不同颜色、质地、口味的原料加工成一定形状，按图案的要求分部位拼摆成一个完整的整体。一般拼摆流程是先拼底后装面，先拼边后拼中间，先拼尾后拼头，先拼主题后拼空间，先拼下部后拼上部。

⑥点缀，点缀可以提升整体冷拼的完整性与观赏性，并弥补其美观有余而食用性不足的局限，从而确保冷拼在视觉效果与食用价值上达到卓越水平，实现画龙点睛的艺术效果。在进行点缀时，必须确保点缀位置恰当、色彩和谐、饰品形状与大小适宜。此外，严格遵循卫生标准至关重要，非食用原料严禁用于点缀。点缀工作通常在冷拼主体部分完成后进行，应根据盘子空间大小合理布局，空间过大而不加装饰，则显空洞；空间过小而装饰过多，则显杂乱，无法凸显主题。在选取点缀装饰物时，应特别留意其与主体菜品形状之间的比例关系，避免体积过大而喧宾夺主。

3.冷拼的拼摆手法

（1）排。

排强调的是一种有序而整齐的排列方式。它适用于形状大小相似、质地相近的原料，如肉片、鱼片、蔬菜片等。在操作中，应先将原料切成均匀一致的形状，然后按照预定的图案或线条，一片片地紧密排列在盘底或垫底之上。排列时，应注意原料之间的间距，既要保持整齐，又要避免过于拥挤，确保整体呈现出一种和谐而有序的美感。此外，排的手法还常常与叠的手法相结合，通过不同原料的叠加和排列，形成层次分明、错落有致的视觉效果，提升冷菜的整体美感。

（2）堆。

堆，指将丝、片、丁等形态规则的冷菜原料，以层次叠加的方式置于盘中，此手法多应用于单盘或围碟的布置。尽管堆的手法看似简单，但其背后蕴含的艺术性不容忽视，通过巧妙的堆叠，可以塑造出诸如假山、宝塔等多种形态，使整体呈现出立体感强烈的视觉效果。

（3）叠。

叠，即将精心切割的冷菜逐一叠放，以塑造出多种形态的过程。这一过程强调精细的手法，与刀工的密切配合至关重要，确保在切割与堆叠的过程中，食材的厚薄、长短、大小保持一致。完成堆叠后，经过微调，使用刀具将其铲起，并稳妥地覆盖在垫底的原料之上。通常情况下，适用于叠放的原料以有韧性、脆性且不含骨质的食材为主。

（4）围。

围，指将冷菜切割为特定形态，在盘中以环形方式排列，可堆叠多层，层层环绕。围的手法存在多种表现形式。如在主料的四周环绕摆放不同颜色的配料，布置成花朵形状，中间点缀以色彩鲜艳的配料。运用围的手法，旨在突出主料，并增添盘面色彩的丰富性。

（5）摆。

摆，也称贴，是将冷菜精细切割成多种象形片状，并精心拼置于预先构思好的轮廓之上。此法常见于各类艺术拼盘的创作过程中，如制作树叶状、羽毛状、翅膀状等造型时，均会采用此种摆盘技术。此技术要求操作者具备精湛的手艺和一定的艺术鉴赏能力，以确保最终呈现的形象既逼真又富有生命力。

（6）扣。

扣，也称覆，是将已加工成形的冷菜有序排列于较深的容器之中，随后通过技巧性地翻转，将其置于盘内或菜品之上，通常以半球形态呈现。

上述冷拼的排列与展现步骤为冷拼菜品制作中的基础技法，应依据冷拼的样式与原料特性灵活调整与运用。在创作艺术冷盘时，应遵循"先主后次、先大后小、先尾后身"的原则，确保作品的层次与美感。唯有持续创新、不断总结，方能创作出形态各异、独具特色的冷拼佳作。

冷拼制作实训

扫码看课件

→ **知识目标**

（1）了解冷拼艺术在色彩搭配、形状塑造、层次营造等方面的原则与方法，以及如何根据主题和食材特点进行布局设计。

（2）掌握冷拼花刀、拉刀等冷拼刀工技法的操作规范与技巧要点。

（3）理解不同冷拼作品的设计思路与构造原理，明确其造型特点与制作关键。

（4）熟悉各类冷拼任务中原料的特性、选择依据以及改刀方式等预处理方法。

（5）理解各种冷拼作品的工艺流程与训练要领，包括垫底、围边、盖面、点缀等环节的操作要点与注意事项。

→ **能力目标**

（1）能够依据不同冷拼任务的要求，准确选择合适的原料并进行精细的改刀处理。

（2）熟练运用各类冷拼刀工技法完成相应的切配操作。

（3）能够根据冷拼的设计思路与工艺流程，独立完成多种冷拼作品的拼摆成形。

（4）能够灵活运用所学冷拼知识与技能，针对不同场合和主题进行冷拼作品的创新设计与制作。

（5）能够严格遵守冷拼制作中的卫生要求与操作规范，养成良好的安全操作习惯。

→ **思政目标**

（1）激发学生的艺术创造力，精雕细琢冷拼作品，提升审美能力与个性化。

（2）增强学生创新思维，探索冷拼新形式，丰富饮食文化内涵。

（3）树立学生食品安全意识，规范冷拼制作流程，确保饮食健康。

任务一　蓑衣黄瓜

一、任务知识

1.任务描述

以小青瓜作为原料制作冷拼"蓑衣黄瓜"，配备味碟，味型鲜明，酸辣可口。

2.设计思路

"蓑衣黄瓜"任务，主要目的是让学生掌握蓑衣刀法的操作技能，帮助学生训练运刀的角度、刀距和进刀深度方面的基本技能。

二、任务分析

1.原料准备

小青瓜 2 根，酸辣汁 30 g。

Note

2. 工艺流程

修料→剞刀切一面，深度为小青瓜厚度的三分之二→将小青瓜反转，剞刀切→拼摆成形。

3. 训练要领

（1）刀距控制在 0.3 cm 左右，深度为小青瓜厚度的三分之二。

（2）刀工处理时，在小青瓜底部垫上干净毛巾，可以防滑吸水。

三、任务实施

（1）教师示范，操作步骤如图所示。

准备粗细均匀、平直的新鲜小青瓜

将小青瓜去头尾，用刀的中前部对准小青瓜被剞
位置，刀与原料的夹角约为 5°

采用直刀推剞法在小青瓜的一面剞上刀纹，深度
为小青瓜厚度的三分之二

将原料反转，刀与小青瓜的夹角约为 15°，
深度为小青瓜厚度的三分之二，进行剞刀处理

将处理好的小青瓜进行拉伸

拼摆，搭配味碟

（2）学生根据教师示范步骤和教学要求，完成实训任务。

四、任务思考

（1）适合蓑衣刀法的原料有哪些？

（2）为什么蓑衣刀法的进刀深度要达到原料厚度的三分之二？

任务二　蓬形胡萝卜

一、任务知识

1. 任务描述

"蓬形胡萝卜"是一道以胡萝卜为基础原料，通过巧妙拼摆制成的菜品。在拼摆过程中，应特别注重层次感和质感的营造，力求使整个蓬形胡萝卜拼盘呈现出更加精致的外观，从而提升其观赏性和趣味性。

2. 设计思路

"蓬形胡萝卜"任务，旨在提升学生的冷拼拼摆技巧与拉刀制作技能。通过此次训练，期望学生能够深刻理解"蓬形胡萝卜"的构造原理，熟练掌握相关刀法和拼摆技巧。同时，期望学生能够通过实践，学会根据原料特点进行合理的位置和色彩布局设计，独立完成"蓬形胡萝卜"的冷拼制作，并在此过程中养成良好的安全操作习惯和保持工作环境的卫生整洁。

二、任务分析

1. 原料准备

胡萝卜1根，白萝卜半根。

2. 工艺流程

胡萝卜改刀→白萝卜切丝放入盐水中静置→胡萝卜拉刀切片→拼摆、倒扣成形。

3. 训练要领

（1）拉刀切片时，要厚薄均匀。

（2）拼摆要紧实。

三、任务实施

（1）教师示范，操作步骤如图所示。

将胡萝卜改刀，修成羽形状

将白萝卜切丝放入盐水中

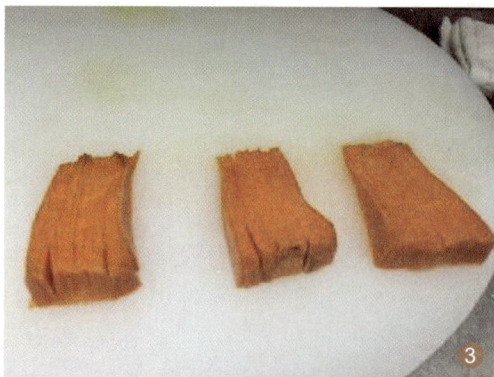

将羽形状胡萝卜拉刀切片

将胡萝卜片摆放整齐，白萝卜丝填入
碗中，齐平

将拼摆好的原料翻扣于碟中，完成作品

"蓬形胡萝卜"视频

（2）学生根据教师示范步骤和教学要求，完成实训任务。

四、任务思考

（1）制作冷拼"蓬形胡萝卜"的技巧是什么？

（2）在制作过程中需要注意哪些细节？

任务三　菱形花

一、任务知识

1. 任务描述

在制作冷拼"菱形花"时，胡萝卜因色泽鲜艳、易于塑造出清晰的层次感而作为主要原料。此作品以菱形块为基本元素，在制作过程中，巧妙地将菱形块拼摆成菱形花，拼盘呈现得非常精致，层次感鲜明突出，不仅提升了菜品的视觉美感，还增强了菜品的观赏性与趣味性。

2. 设计思路

"菱形花"任务，旨在通过细致入微的拼摆手法，着重强调层次感的构建。在制作过程中，将胡萝卜切成大小均匀的菱形块，并注重每一个菱形块之间的角度和位置关系，通过精心的拼摆，使其呈现出一种规则而富有动感的视觉效果。同时，为了增加作品的层次感和立体感，还可以在菱形花的基础上，添加一些其他的食材元素，如黄瓜片、紫甘蓝丝等，通过色彩的对比和层次的叠加，使得整个作品更加丰富多彩。

Note

二、任务分析

1. 原料准备

胡萝卜 1 根。

2. 工艺流程

胡萝卜改刀→修改成菱形块→拼摆成菱形花。

3. 训练要领

（1）菱形块要厚薄均匀，厚度约为 1 cm。

（2）拼摆层次分明、均匀。

三、任务实施

（1）教师示范，操作步骤如图所示。

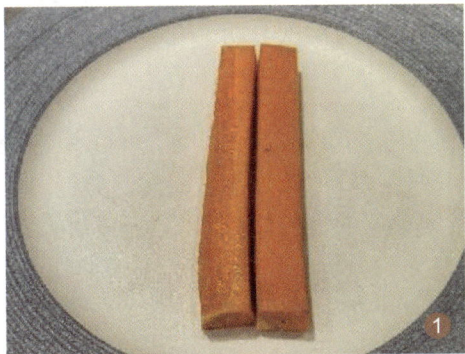

将胡萝卜修成长方条

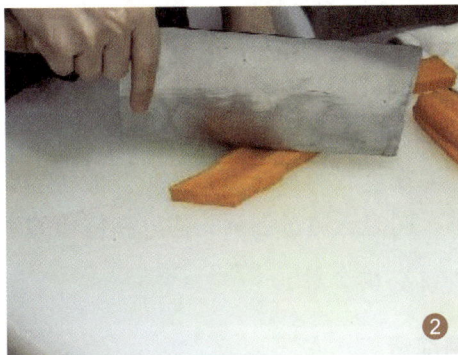

将胡萝卜条切成菱形块

将第一层菱形块摆放在碟中

拼摆第二层菱形块

完成作品

"菱形花"
视频

（2）学生根据教师示范步骤和教学要求，完成实训任务。

四、任务思考

（1）制作冷拼"菱形花"的技巧是什么？
（2）在制作过程中需要注意哪些细节？

任务四 单色拼盘

一、任务知识

1. 任务描述

在制作冷拼"单色拼盘"时，要求在保持食材本身色彩的基础上，通过形状、大小、位置的变化，营造出丰富的视觉效果。以颜色鲜艳、质地脆嫩的青瓜作为主料，通过精细的切割和巧妙的拼摆，将食材本身的色泽和形状发挥到极致，制作出色彩统一、层次分明、富有创意的冷拼作品。

2. 设计思路

"单色拼盘"任务，旨在通过对单一食材的巧妙运用，展现出冷拼的简约美感和精致度。在拼摆过程中，注重色彩的和谐统一，以及形状和大小的对比与呼应，力求使整个拼盘呈现出简约而不简单的美感。同时，通过创意的构思和精巧的手法，为单调的食材赋予新的生命力和艺术感。

二、任务分析

1. 原料准备

青瓜、白萝卜。

2. 工艺流程

白萝卜切丝腌制砌底座→垫底胚→青瓜拉刀切片→拼摆单色拼盘。

3. 训练要领

（1）拉刀切片时要厚薄均匀。
（2）拼摆层次分明、均匀。

三、任务实施

（1）教师示范，操作步骤如图所示。

白萝卜切丝放入盐水中浸泡

将白萝卜丝挤干水分，砌成一个圆形小山丘

将青瓜拉刀切片，均匀覆盖上去　　　　　　　　　　完成作品

（2）学生根据教师示范步骤和教学要求，完成实训任务。

四、任务思考

（1）制作冷拼"单色拼盘"的技巧是什么？

（2）如何巧妙运用不同的食材和色彩，制作出一款美观又营养的单色拼盘？

任务五　双色拼盘

一、任务知识

1. 任务描述

在制作冷拼"双色拼盘"时，选取色泽鲜艳、口感爽脆的胡萝卜与青瓜作为主料，通过精细的切割、腌制和巧妙的拼摆，将两种食材完美融合，展现出一道色彩对比鲜明、层次丰富、令人眼前一亮的双色拼盘。

2. 设计思路

"双色拼盘"任务，旨在通过两种不同颜色的食材组合，创造出色彩对比鲜明、视觉效果强烈的冷拼作品。双色拼盘的制作关键在于如何巧妙地将两种食材融合在一起，同时保持各自的色彩特点和口感。选择色泽鲜艳、形状规整的胡萝卜和青瓜作为主料，通过精细的刀工技术，将两种食材切成大小均匀、形状相似的片状。利用色彩对比的原理，将两种食材交错拼摆在一起，通过巧妙的布局和叠加，营造出丰富的层次感和立体感。

二、任务分析

1. 原料准备

胡萝卜、青瓜、白萝卜。

2. 工艺流程

白萝卜切丝腌制砌底座→胡萝卜、青瓜改刀→胡萝卜、青瓜拉刀切片→拼摆双色拼盘。

3. 训练要领

（1）拉刀切片时要厚薄均匀。

（2）拼摆层次分明、均匀。

三、任务实施

（1）教师示范，操作步骤如图所示。

① 将白萝卜丝泡盐水后挤干水分，
砌成一个圆形小山丘

② 将青瓜修成梯形状

③ 将胡萝卜修成梯形状

④ 青瓜拉刀切片

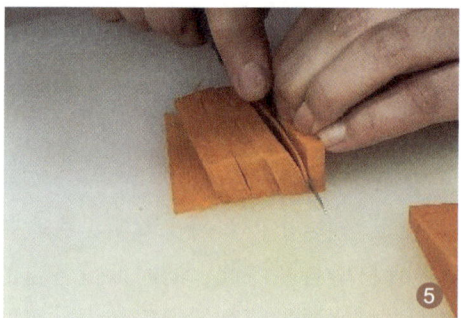

⑤ 胡萝卜拉刀切片

⑥ 将青瓜片覆盖上去

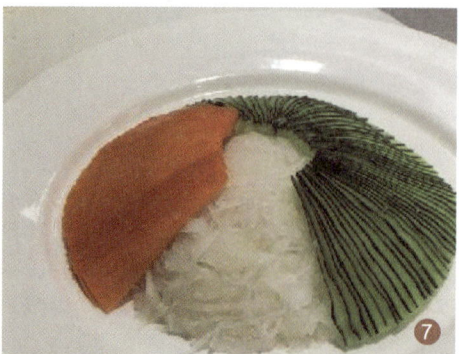

⑦ 将胡萝卜片覆盖上去

⑧ 完成作品

"双色拼盘"
视频

（2）学生根据教师示范步骤和教学要求，完成实训任务。

四、任务思考

（1）制作冷拼"双色拼盘"的技巧是什么？

（2）如何巧妙运用不同的食材和色彩，制作出一款美观又营养的双色拼盘？

任务六 扇形双拼

一、任务知识

1. 任务描述

在制作冷拼"扇形双拼"时，以火腿作为主要食材，并以扇形作为呈现形式，追求造型的美观与独特。在拼摆过程中，注重整体布局的均衡和各种食材的合理排布，使得"扇形双拼"拼盘展现出更为精致的外观。层次分明的构造不仅增强菜品的观赏性，也赋予了菜品更多的趣味性。

2. 设计思路

"扇形双拼"任务，旨在通过火腿这一传统冷盘食材，结合扇形造型的优雅与动感，创作出既符合传统审美又具有创新元素的冷拼作品。在拼摆过程中，将火腿切成薄而均匀的片状，以便更好地贴合扇形结构。遵循层次丰富、色彩和谐、造型美观的原则，利用火腿本身的色泽和纹理，通过巧妙的摆放和叠加，营造丰富的层次感和立体感。

二、任务分析

1. 原料准备

火腿、白萝卜。

2. 工艺流程

白萝卜切丝腌制摆成半球形→火腿改刀→拼摆底座→火腿拉刀切片→拼摆成形。

3. 训练要领

（1）垫底要平整，防止凹凸不平。

（2）火腿拉刀切片时要厚薄均匀，白萝卜丝要粗细均匀。

（3）硬面叠片时，要排列整齐，把握好拼摆弧度。

三、任务实施

（1）教师示范，操作步骤如图所示。

将白萝卜切丝，用盐水腌制

将白萝卜丝捞出挤干水分，
摆放成半圆形，完成软面制作

Note

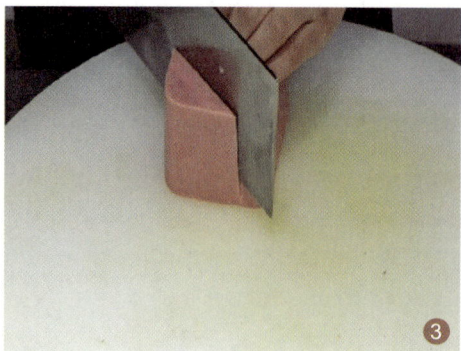

将火腿切成直角三角形

将两个三角形火腿摆在碟中

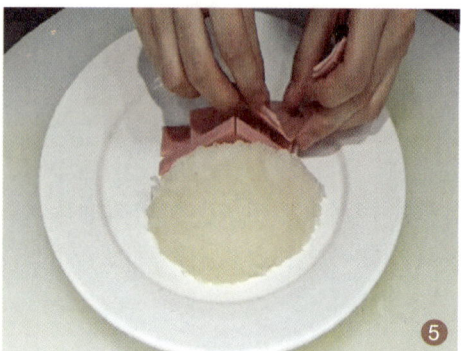

将火腿切片放入碟中，作为硬面垫底

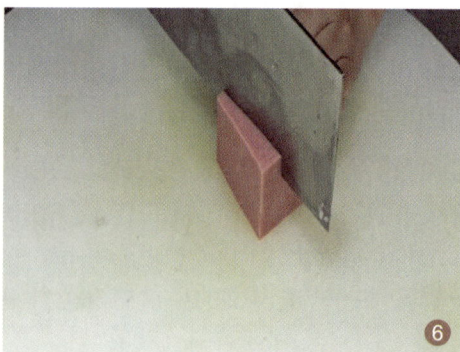

将火腿修成梯形状

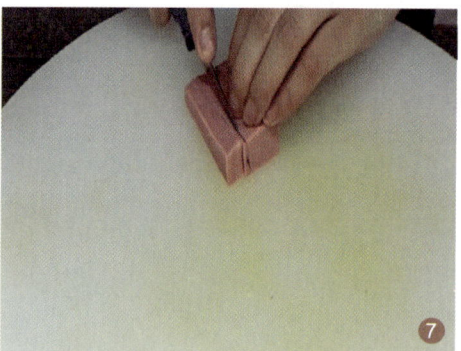

将梯形状火腿拉刀切成薄片

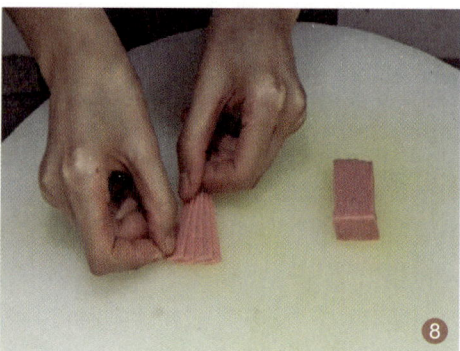

将火腿薄片按弧度叠排整齐

"扇形双拼"
视频

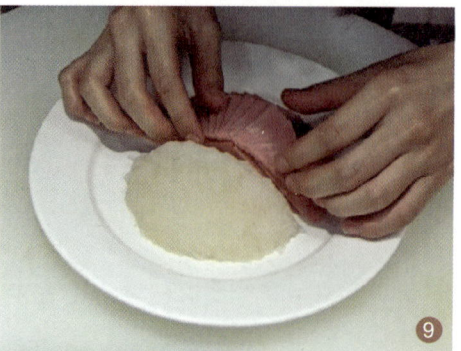

完成顶层盖面的拼摆

完成作品

（2）学生根据教师示范步骤和教学要求，完成实训任务。

四、任务思考

（1）制作冷拼"扇形双拼"的技巧是什么？

（2）运用"扇形双拼"的拼摆手法还可以做成哪些冷拼菜品？

任务七　春韵

一、任务知识

1. 任务描述

在制作冷拼"春韵"时，以白萝卜、心里美萝卜等为原料，结合巧妙的刀工和拼摆技巧，创作出一款充满春天气息的冷拼作品。此作品充分展现了春季食材的鲜嫩与色彩，以及春天万物复苏、生机勃勃的意境。冷拼"春韵"通过精细的切割和拼摆，将春天的韵味融入菜品，赋予了菜品春天的美好。

2. 设计思路

"春韵"任务，主要目的是训练冷拼"月季花"制作。通过任务训练，让学生对冷拼"春韵"的构造有一定的认识，体验传统文化的魅力，熟悉冷拼"春韵"的刀法和拼摆手法的运用。同时，让学生能够根据原料特性进行精准的位置与色彩布局设计，并能独立完成冷拼"春韵"制作。

二、任务分析

1. 原料准备

心里美萝卜1根、白萝卜1根、青萝卜1根、胡萝卜1根、青瓜1根、澄面100 g、盐50 g、水100 g。

2. 工艺流程

心里美萝卜改刀→拉刀法切片→盐水浸泡→拼摆月季花→点缀→其他原料切水滴片→拼摆假山并点缀。

3. 训练要领

（1）心里美萝卜要修成半圆形。

（2）切制时，心里美萝卜片要厚薄均匀，厚度约为0.1 cm。

（3）拼摆时要把握好花的盛开程度，多向外打开。

（4）处理假山部分的原料时刀工要细致，拼摆层次分明。

三、任务实施

（1）教师示范，操作步骤如图所示。

选用新鲜的心里美萝卜、青萝卜
白萝卜、胡萝卜、青瓜

需要的配料：盐、水、澄面

Note

将心里美萝卜修成半圆形，拉刀切薄片

将切好的薄片放入盐水中，
浸泡后捞出吸干水分

用薄片卷出花心、花瓣

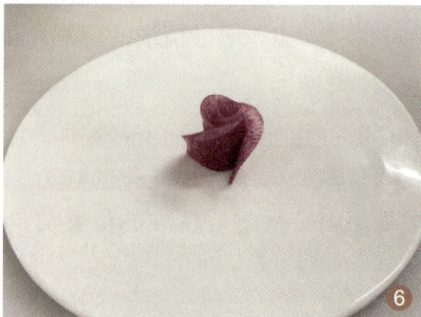

用花瓣包住花心，交错叠起来

交错叠5层花瓣，拼摆出月季花的形状

用青瓜切出叶子状，进行装饰

将其他原料切水滴片，拼摆成假山的造型，完成作品

（2）学生根据教师示范步骤和教学要求，完成实训任务。

四、任务思考

（1）运用"春韵"的拼摆手法还可以做成哪些冷拼菜品？

"春韵"
视频

（2）制作"月季花"的技巧是什么？

任务八　夏景

一、任务知识

1.任务描述

在制作冷拼"夏景"时，选料一般以心里美萝卜、青萝卜、胡萝卜等为主，"夏景"冷拼是一道以"蝴蝶"为主要造型的冷盘，多用于大型节目展台和庆祝活动中。蝴蝶象征着美丽的梦想与自由的精神。在拼摆过程中，注重色彩的平衡和其他物品的排布，通过巧妙的摆放和叠加，营造丰富的层次感、立体感，还可增强其观赏性与趣味性。

2.设计思路

"夏景"任务，主要目的是训练冷拼"蝴蝶"制作的技艺。通过任务训练，使学生深化对冷拼"夏景"构造的理解，同时领略中华传统文化的深厚底蕴，感受其独特魅力；使学生熟悉并掌握冷拼"夏景"的刀法技巧与拼摆手法，能够根据原料特性进行精准的位置与色彩布局设计。此外，培养学生独立完成冷拼"夏景"制作的能力，并强调安全操作与卫生整洁的重要性，以形成良好的职业习惯。

二、任务分析

1.原料准备

心里美萝卜1根、胡萝卜1根、青萝卜1根、白萝卜1根、青瓜1根、土豆泥100 g、盐50 g、水100 g。

2.工艺流程

土豆泥捏出蝴蝶翅膀→心里美萝卜、青萝卜、胡萝卜改刀→拉刀法切片→刷盐水备用→拼摆蝴蝶→拼摆假山并点缀。

3.训练要领

（1）心里美萝卜、青萝卜、胡萝卜要修成水滴形。
（2）切制时，水滴形片要厚薄均匀。
（3）拼摆时要把握好蝴蝶翅膀间距。
（4）处理假山部分的原料时刀工要细致，拼摆层次分明。

三、任务实施

（1）教师示范，操作步骤如图所示。

选用新鲜的心里美萝卜、青萝卜、
白萝卜、胡萝卜、青瓜

需要的配料：盐、水、土豆泥

用土豆泥捏出蝴蝶翅膀的形状

将心里美萝卜、青萝卜、
胡萝卜分别改切成水滴形块

用拉刀法依次将水滴形块切成薄片

将薄片刷盐水备用，推出蝴蝶翅膀的弧度

"夏景"
视频

将推出弧度的薄片依次沿着翅膀底坯堆叠

将其他原料切片摆成假山的造型，完成作品

（2）学生根据教师示范步骤和教学要求，完成实训任务。

四、任务思考

（1）运用"夏景"的拼摆手法还可以做成哪些冷拼品种？

（2）制作"蝴蝶"的技巧是什么？

（3）如何拼摆正面飞行的"蝴蝶"？

任务九 秋收

一、任务知识

1.任务描述

在制作冷拼"秋收"时，选料通常以心里美萝卜、青萝卜、南瓜等为主。此冷盘以南瓜为核心食材，常见于大型活动展台及庆祝活动中。南瓜象征着丰收、富足与生活幸福。在拼摆过程中，严格遵循色彩平衡与其他元素的排布原则，确保冷拼"秋收"呈现出精致的外观、清晰的层次，从而增强其观赏性与趣味性。

2.设计思路

"秋收"任务，主要围绕展现秋季丰收景象和南瓜的寓意展开。通过此次训练，使学生深入理解冷拼艺术在表现季节变换和主题意境方面的独特魅力，进一步提升学生的艺术感知力和创造力。在制作过程中，使学生熟悉并掌握冷拼"秋收"的刀法技巧与拼摆手法，能够根据原料特性进行巧妙的组合与布局。同时，通过实践操作，培养学生独立完成冷拼"秋收"制作的能力，并强调安全操作与卫生整洁的重要性，以形成良好的职业习惯。

二、任务分析

1.原料准备

心里美萝卜1根、青萝卜1根、白萝卜1根、胡萝卜1根、青瓜1根、南瓜1块、土豆泥100 g、盐50 g、水100 g。

2.工艺流程

土豆泥捏南瓜→心里美萝卜、青萝卜、南瓜改刀→拉刀切片→刷盐水备用→拼摆南瓜→拼摆假山并点缀。

3.训练要领

（1）土豆泥捏的南瓜底坯要形象美观。
（2）切制时，拱形块要切的厚薄均匀。
（3）要注意南瓜底坯的高度，修片时要注意长短。
（4）处理假山部分的原料时刀工要细致，拼摆层次分明。

三、任务实施

（1）教师示范，操作步骤如图所示。

选用新鲜心里美萝卜、青萝卜、
白萝卜、胡萝卜、青瓜、南瓜

需要的配料：盐、水、土豆泥

将准备好的土豆泥捏成南瓜的形状

将心里美萝卜改刀成厚片

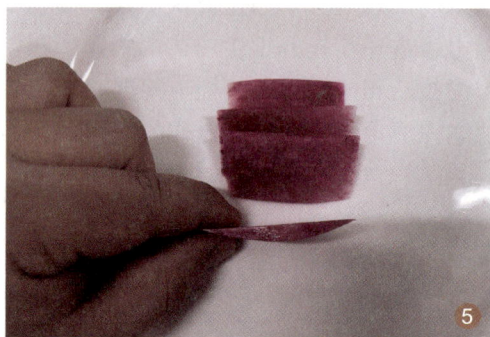

用拉刀法将心里美萝卜厚片修改成拱形薄片，
青萝卜、南瓜用同样的手法改刀成拱形薄片

依次将三种原料片刷盐水备用

"秋收"
视频

将三种原料片依次沿着南瓜底坯
铺盖成象形南瓜

用青瓜作成瓜蒂，进行装饰

将其他原料切片摆成假山的造型，完成作品

（2）学生根据教师示范步骤和教学要求，完成实训任务。

四、任务思考

（1）运用"秋收"的拼摆手法还可以做成哪些冷拼菜品？

（2）制作"南瓜"的技巧是什么？

（3）冷拼"秋收"还能以什么主题来呈现？

任务十　冬笋

一、任务知识

1. 任务描述

在制作冷拼"冬笋"时，一般建议选用青萝卜为原料，因其质地与竹笋相近，易于造型。冷拼"冬笋"是一道以竹笋为灵感来源的冷盘，其形状和构造模仿了竹笋的形态，同时也可展现积极进取、勇攀高峰的精神风貌。在制作过程中，应特别注重色彩的搭配与平衡，以及与其他食材或装饰物的排布，确保冷拼"冬笋"在视觉上呈现出精致细腻的质感、鲜明的层次感，从而增强其观赏价值和趣味性。

2. 设计思路

"冬笋"任务，主要展现冬季竹笋坚韧挺拔的特性和积极进取的精神风貌。通过本次实训，使学生学习如何运用青萝卜等食材巧妙塑造竹笋的形态，并掌握冷拼艺术在表达主题意境方面的技巧。在训练过程中，让学生深入了解食材的质地和特性，掌握刀工技巧和拼摆方法，能够根据食材的形状和颜色进行巧妙的搭配和布局，并制作出具有艺术美感和文化内涵的"冬笋"冷拼作品。同时，通过实践操作，培养学生独立完成冷拼制作的能力，提高学生食品安全意识，并养成良好的卫生习惯，为将来的职业发展奠定坚实的基础。

二、任务分析

1. 原料准备

青萝卜 1 根、土豆泥 100 g、盐 50 g、水 100 g。

2. 工艺流程

土豆泥塑形→准备工具、配料→青萝卜改刀为水滴状→水滴状青萝卜泡盐水备用→拉刀切片→拼摆成形。

3. 训练要领

（1）青萝卜切片要厚薄均匀，拼摆前用干净毛巾蘸干多余水分，再使用"先搓后排"手法拼摆。

（2）冬笋拼摆过程顺序应自上而下进行，层次分明、简洁。

三、任务实施

（1）教师示范，操作步骤如图所示。

选择新鲜的青萝卜 1 根

需要的配料：土豆泥、盐、水

将准备好的土豆泥捏出冬笋的形状作为底坯

青萝卜切成厚片

"冬笋"
视频

将青萝卜厚片改刀成水滴状，泡盐水备用

用拉刀法将水滴状青萝卜厚片切成薄片

将切好的青萝卜片分次用手指搓开形成三角形

将青萝卜片依次沿着冬笋
底坯自上而下铺盖成象形冬笋

冬笋成品

将其他原料拼摆、点缀，完成作品

（2）学生根据教师示范步骤和教学要求，完成实训任务。

四、任务思考

（1）在冷拼"冬笋"制作过程中，如何能让青萝卜片不散掉落？

（2）如何设计一款以冬笋为主题的拼盘？

任务十一　荷叶

一、任务知识

1. 任务描述

在制作冷拼"荷叶"时，要求学生运用各种食材（如青萝卜、青瓜等）塑造出荷叶的形态，并通过巧妙的拼摆手法展现出荷叶的灵动与美感。荷叶在中国文化中象征着纯净、高洁和清廉。制作冷拼"荷叶"不仅是对学生技艺的考验，更是对其文化素养和审美能力的挑战。

2. 设计思路

"荷叶"任务，主要围绕荷叶的形态和神韵进行构思。通过精选食材，运用巧妙的刀工技巧和拼摆手法，塑造出形态逼真、栩栩如生的荷叶形象。同时，注重色彩的搭配与平衡，以及与其他食材或装饰物的排布，使冷拼"荷叶"在视觉上呈现出清新、淡雅的艺术效果。

二、任务分析

1. 原料准备

青萝卜 1 根、盐 30 g、水 100 g、澄面 50 g。

2. 工艺流程

准备工具、配料→澄面捏底胚→青萝卜改刀为水滴状→水滴状青萝卜泡盐水→拉刀切片→拼摆成形。

3. 训练要领

（1）"荷叶"底胚修整要形象和美观。

（2）切制时，水滴状青萝卜片要厚薄均匀。

（3）改刀的青萝卜段宽度应与"荷叶"底胚直径相等，否则容易出现长短不一现象，影响美观。

三、任务实施

（1）教师示范，操作步骤如图所示。

选择新鲜的青萝卜

需要的配料：盐、水、澄面

将准备好的澄面捏出荷叶的形状作为底坯

将青萝卜切段（宽度与底坯直径相等）

青萝卜段改刀为水滴状，泡盐水，用拉刀法切片

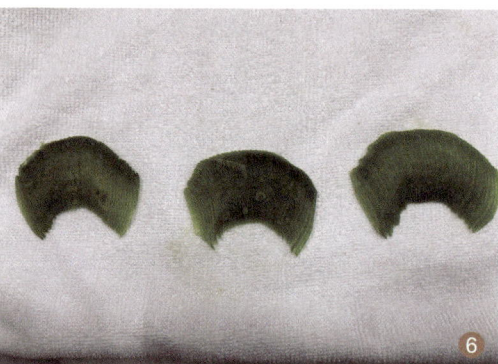

将切好的青萝卜片分次用手指搓成扇形

将扇形青萝卜片依次沿着荷叶底坯拼摆

对荷叶边缘进行修整，达到高低起伏，
拼摆成荷叶形状

取一块萝卜皮刻成小圆片

将小圆片点缀在荷叶中心连接处

"荷叶"
视频

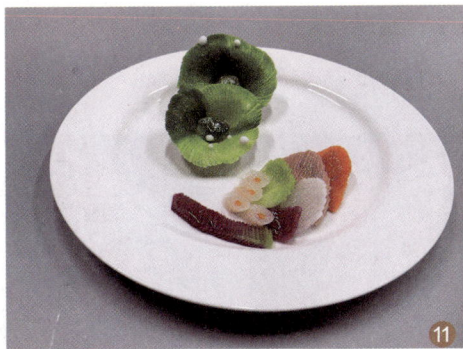

完成作品

（2）学生根据教师示范步骤和教学要求，完成实训任务。

四、任务思考

（1）荷叶的底坯除了用澄面制作以外，还可以用什么材料制作？

（2）如何设计一款以荷叶为主题的拼盘？

任务十二　寿桃

一、任务知识

1. 任务描述

在制作冷拼"寿桃"时，主要选用心里美萝卜为原料，这种萝卜色泽鲜艳、口感清脆，是制作"寿桃"的理想材料。冷拼"寿桃"是一道具有中华传统文化特色的冷盘，其形状模仿了象征长寿和幸福美好的寿桃。这道菜常用于中国传统节日和庆祝活动中，以其精美的外观和丰富的寓意深受人们的喜爱。在拼摆过程中，应注重色彩的平衡和其他物品的排布，力求使整个冷拼看起来更加精致，层次感更加分明，从而增加观赏性和趣味性。

2. 设计思路

"寿桃"任务，旨在通过精湛的刀工和巧妙的拼摆手法，塑造出形态饱满、栩栩如生的寿桃形象。充分结合寿桃的特点，选用颜色鲜艳的食材。同时，注重色彩的搭配和整体布局的和谐，力求在视觉上呈现出喜庆、吉祥的效果。

二、任务分析

1. 原料准备

心里美萝卜 1 根、土豆泥 100 g、盐 50 g、水 100 g。

2. 工艺流程

土豆泥塑形→心里美萝卜改刀腌制→拉刀法切片→拼摆成形。

3. 训练要领

（1）寿桃底坯修整要形象和美观。

（2）切制时，心里美萝卜片要厚薄均匀。

（3）要注意寿桃的高度，在修片时注意原料的长短。

三、任务实施

（1）教师示范，操作步骤如图所示。

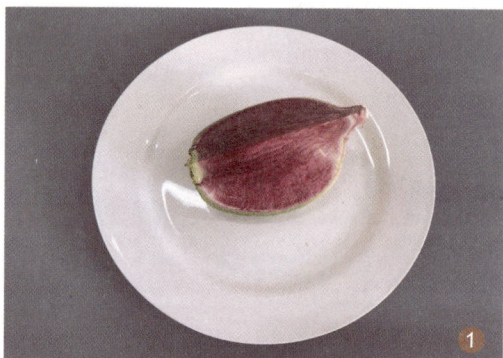

选用新鲜的心里美萝卜

需要的配料：盐、土豆泥、水

将准备好的土豆泥捏出寿桃的形状作为底坯

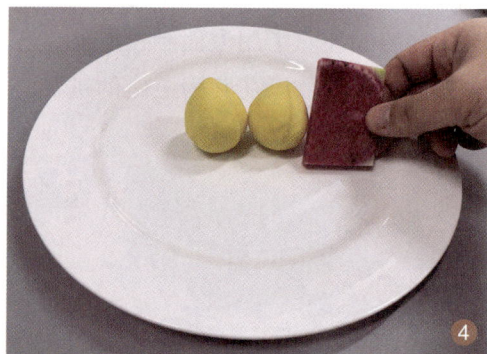

将心里美萝卜改刀为拱形薄片，并测量寿桃高度

将心里美萝卜厚片修改成拱形薄片，泡盐水腌制

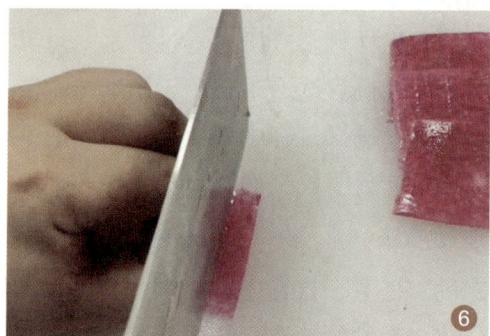

用拉刀法依次将心里美萝卜切成薄片

将心里美萝卜薄片依次沿着
寿桃底坯铺盖成象形寿桃

寿桃成品

完成作品

"寿桃"
视频

（2）学生根据教师示范步骤和教学要求，完成实训任务。

四、任务思考

（1）运用"寿桃"的拼摆手法还可以做成哪些冷拼菜品？
（2）冷拼"寿桃"主题一般采用哪些原料搭配？

任务十三　喜鹊

一、任务知识

1. 任务描述

在制作冷拼"喜鹊"时，选择色彩各异的食材（如胡萝卜、白萝卜、心里美萝卜等），通过精细拉刀切片，塑造出喜鹊的头部、身体、翅膀和尾巴等各个部分。冷拼"喜鹊"是一道充满中国传统文化元素的菜品，喜鹊在中国文化中象征着吉祥、幸福和美好的愿景。通过制作冷拼"喜鹊"，不仅要展现出喜鹊生动活泼的形态，更要传达出它所承载的吉祥寓意。这个任务需要学生运用精细的刀工技巧和巧妙的拼摆手法，结合各种食材的色彩和质感，塑造出栩栩如生的喜鹊形象。

2. 设计思路

"喜鹊"任务，注重整体布局的和谐与美观，通过巧妙的拼摆手法，使喜鹊形象更加生动、立体。首先要深入研究喜鹊的形态特征和生活习性，以便准确地捕捉其神韵。在色彩搭配上，充分考虑各种食材的颜色特点，通过合理的搭配和组合，使冷拼"喜鹊"在视觉上呈现出欢快、愉悦的效果。

二、任务分析

1. 原料准备

胡萝卜半根、白萝卜半根、心里美萝卜半根、虾 4 只、西兰花 50 g、火腿半根、南瓜半块、青萝卜半根、土豆泥 100 g、盐 50 g、水 100 g。

2. 工艺流程

主题拼盘内容设计→土豆泥捏制底坯→改刀为水滴形片、拱形片→泡盐水腌制备用→拉刀法切片→拼摆成形。

3. 训练要领

（1）在捏制南瓜、喜鹊底胚时要注意形态比例大小。

（2）注意南瓜的高度，在修片时注意长短。

（3）切制时，萝卜片要厚薄均匀。

三、任务实施

（1）教师示范，操作步骤如图所示。

胡萝卜、白萝卜、心里美萝卜、虾、
西兰花、火腿、南瓜、青萝卜

需要的辅料：盐、水、土豆泥

将准备好的土豆泥捏出南瓜的形状作为底坯

提前用雕刻刀雕刻出南瓜的蒂

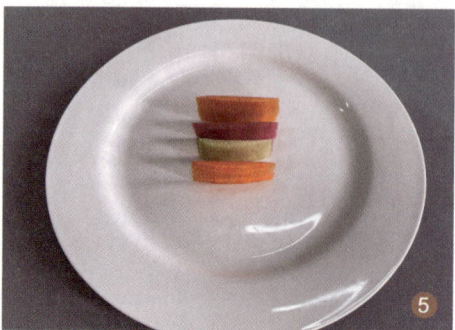

将青萝卜、心里美萝卜、胡萝卜切段，
改刀为拱形片，泡盐水腌制备用

依次用拉刀法将拱形萝卜片切片，
从左到右铺盖在南瓜底坯上

将南瓜蒂盖在南瓜底坯顶部中心位置

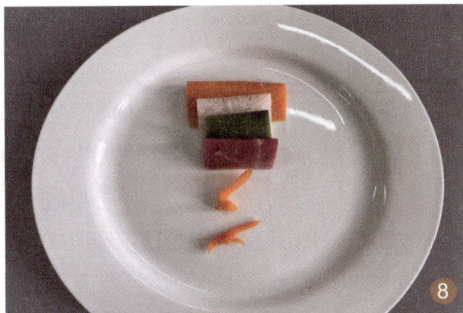

提前雕好喜鹊的头部、爪子备用，取心里美萝卜、
胡萝卜、青萝卜、白萝卜改刀成水滴状

用拉刀切片做喜鹊的毛发备用，将制作喜鹊的
材料由尾部到头部分层铺摆成象形喜鹊

改刀假山所需要的材料，并全部拉刀成片

将原料拼摆成象形假山

完成作品

"喜鹊"
视频

（2）学生根据教师示范步骤和教学要求，完成实训任务。

四、任务思考

（1）在选用果蔬类的花色拼盘原料时应如何考虑设计造型？

（2）如何设计一款以白菜为主题的花色拼盘？

任务十四 蝶恋花

一、任务知识

1. 任务描述

在制作冷拼"蝶恋花"时，以花瓶与蝴蝶为核心理念进行拼盘设计。此作品巧妙地融入了春天的元素，如绽放的鲜花、翩跹起舞的蝴蝶以及嫩绿的叶片，营造出浓郁的春日氛围。学生通过学习，能够掌握寓意类冷拼在色彩搭配与造型设计方面的专业知识。同时，也为学生奠定了坚实的基础，可以

Note

119

深入理解冷拼造型的具体要求，包括构图设计的规律、冷拼综合刀法的应用、拼摆手法的正确执行。

2. 设计思路

"蝶恋花"任务，旨在训练提升学生对花瓶、蝴蝶主题设计制作的实践能力。通过此训练，学生将深入了解花瓶与蝴蝶的构造，熟练掌握寓意类冷拼设计的构图方法与技巧，并提升对造型元素大小及位置布局技巧的敏锐度。在主题设计上，通过融入鲜花、蝴蝶等元素，传达朝气蓬勃、充满希望与愉悦的美好愿景，表达了春天到来时大自然所焕发的生机与活力。此任务不仅可提升学生的冷拼技能，同时也有助于培养学生严谨认真、细致入微、耐心持久、吃苦耐劳的职业素养。

二、任务分析

1. 原料准备

胡萝卜半根、白萝卜1根、心里美萝卜半根、虾4只、西兰花50 g、火腿半根、南瓜半块、青萝卜半根、土豆泥100 g、盐50 g、水100 g。

2. 工艺流程

主题拼盘内容设计→土豆泥捏制底坯→改刀为水滴形片、拱形片→泡盐水腌制备用→拉刀法切片→拼摆成形。

3. 训练要领

（1）底坯的塑形大小和整体比例和谐，突出主题。
（2）拼摆蝴蝶翅膀时应合理选用食材搭配颜色，突出翅膀颜色丰富。
（3）切制时，萝卜片要厚薄均匀。

三、任务实施

（1）教师示范，操作步骤如图所示。

胡萝卜、白萝卜、心里美萝卜、虾、
西兰花、火腿、南瓜、青萝卜

需要的辅料：盐、水、土豆泥

用准备好的土豆泥捏制出花瓶的底坯

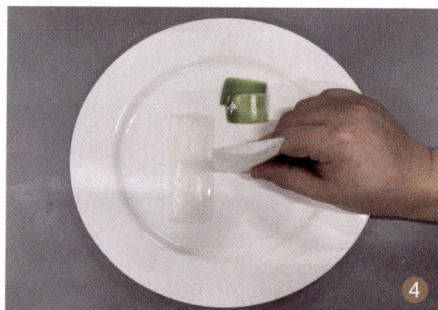

将青萝卜、白萝卜切段，
改刀为拱形片，泡盐水腌制备用

依次用拉刀法将拱形萝卜片切片，
从左到右铺盖在花瓶底坯上

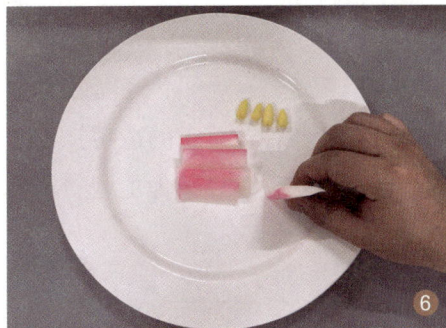

取白萝卜改刀成水滴状，
用拉刀切片做花朵备用

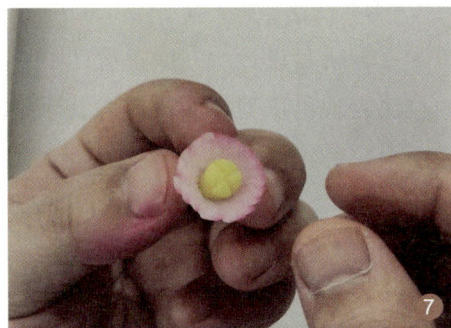

用手指托住捏好的花蕾，
将水滴状白萝卜片卷制成花朵

提前雕好蝴蝶的身体备用，取心里美萝卜、胡萝
卜、南瓜改刀成水滴状，用拉刀切片做蝴蝶的翅
膀备用

将蝴蝶翅膀的材料由外到里，
分层铺摆成象形蝴蝶

改刀假山所需要的材料，
并全部拉刀成片

将假山的材料拼摆成象形假山

完成作品

"蝶恋花"
视频

121

（2）学生根据教师示范步骤和教学要求，完成实训任务。

四、任务思考

（1）如何设计各种花草类的造型？

（2）如何设计一款以春天为主题的花色拼盘？

任务十五　荷塘静池

一、任务知识

1.任务描述

在制作冷拼"荷塘静池"时，以小桥、荷叶、小鱼为主题拼盘设计。在冷拼设计中加入荷叶、小桥、小鱼等元素，通过水纹和立体假山效果与冷拼的技法表现出荷塘水面，使得设计更富有层次感和艺术感。学生对构图设计规律、冷拼综合刀法、拼摆手法的正确使用，能够为山水类冷拼设计中的花色景观图菜品设计学习打好基础。

2.设计思路

"荷塘静池"任务，旨在训练提升学生以小桥、荷叶、小鱼为主题设计制作拼盘的实践能力。通过此任务训练，学生能够深入理解小桥与小鱼的构造特点，熟练掌握山水类冷拼设计的构图方法与技巧，并对造型元素的大小与位置布局有更为精准的把握。冷拼"荷塘静池"的设计呈现了自然之美，期望借此引发学生对生态环境保护的深入思考。通过此任务，期望学生能够形成保护环境、珍惜食材的意识，同时，养成良好的操作习惯，严格遵循规程，确保操作的安全与卫生。

二、任务分析

1.原料准备

胡萝卜半根、白萝卜半根、心里美萝卜半根、虾4只、西兰花50 g、火腿半根、南瓜半块、青萝卜半根、青瓜1根、土豆泥100 g、盐50 g、水100 g。

2.工艺流程

主题拼盘内容设计→土豆泥捏制底坯→改刀为水滴形片、拱形片→泡盐水腌制备用→拉刀法切片→拼摆成形。

3.训练要领

（1）小桥台阶大小要和桥面宽度大小一致，分布一致。

（2）雕制鱼部件大小和小桥时要考虑整体构图的比例大小。

（3）拼摆假山时注意层次分明、色彩搭配、构图合理，成立体式拼摆。

三、任务实施

（1）教师示范，操作步骤如图所示。

胡萝卜、白萝卜、心里美萝卜、虾、
西兰花、火腿、南瓜、青萝卜、青瓜等

需要的辅料：盐、水、土豆泥

提前用胡萝卜雕刻小桥底坯、
鱼头、鱼尾、鱼鳍备用

将青萝卜切一个长方体条，
宽度与桥面宽度一致，泡盐水腌制备用

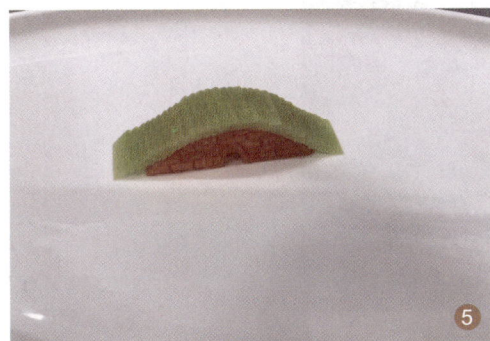

泡好盐水的长方体条切片，
铺摆在小桥底坯上，形成象形小桥

取土豆泥捏制荷叶底坯备用

将青萝卜改刀成水滴状并切片，
依次铺摆在荷叶底坯上，形成象形荷叶

用土豆泥捏制鱼的身体，
并拼接上雕刻的鱼头、鱼尾、鱼鳍

Note

将胡萝卜改刀成小圆柱条备用

小圆柱条胡萝卜切片作鱼鳞，由鱼头
到鱼尾依次铺盖在鱼身底坯上

改刀假山所需要的材料，并全部拉刀成片

将假山的材料拼摆成象形假山

完成作品

"荷塘静池"
视频

（2）学生根据教师示范步骤和教学要求，完成实训任务。

四、任务思考

（1）山水类拼盘的造型有哪些?

（2）如何设计一款以小桥为主题的花色拼盘?

任务十六　花开四季

一、任务知识

1. 任务描述

在制作冷拼"花开四季"时，以月季花为主题设计，月季花拼盘是典型的立体花卉冷拼代表，月季花也是冷拼主题设计中经常会选用的花卉题材。通过前期冷拼基本功学习后，学生可通过此任务训练对整体构图、创新设计、原料的加工、拼摆方法、装饰方法等进行巩固学习。此任务对学生的刀工处理、形态搭配、色彩协调的技能有一定基础要求，通过学习，学生能够达到对花卉类主题的花色拼盘举一反三的目的。

2. 设计思路

"花开四季"任务，主要目的是训练花卉的主题冷拼设计制作。通过任务训练，学生能够对冷拼花卉类的构造有一定的认识，能够合理正确地使用原料进行色彩搭配，对假山和月季花的大小比例、主体和非主体摆放的基本方法和原则有一定的认知，突出月季花和假山造型美观，形态逼真。

二、任务分析

1. 原料准备

胡萝卜半根、白萝卜半根、心里美萝卜半根、虾4只、西兰花50 g、火腿半根、青萝卜半根、土豆泥100 g、盐50 g、水100 g。

2. 工艺流程

月季花主题设计→土豆泥捏制底坯→改刀为水滴形片→泡盐水腌制备用→拉刀法切片→拼摆成形。

3. 训练要领

（1）注意月季花的层次感，把握好花瓣由外层到内层的大小顺序为大—中—小，形态美观，拼摆花瓣要细致。

（2）月季花大小和假山的设计比例合理，色彩搭配合理。

三、任务实施

（1）教师示范，操作步骤如图所示。

胡萝卜、白萝卜、心里美萝卜、虾、西兰花、火腿、青萝卜等

需要的辅料：盐、水、土豆泥

将准备好的土豆泥捏制底坯

将白萝卜切段，改刀为大、中、小水滴状，泡盐水腌制备用

125

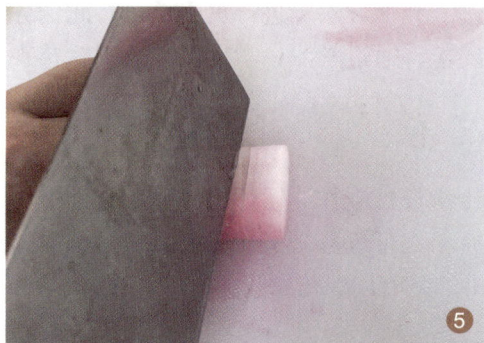

提前用毛刷在水滴状萝卜尾部刷一层火龙果汁
上色备用，用拉刀法依次将水滴状萝卜切片

将水滴状萝卜片用手指戳开成半圆形，
放在指尖按压出花瓣形状

花瓣围绕底坯边缘依次交叉拼摆成形，
直至底坯中心处

在底坯中心放入花心，
然后进行调整

"花开四季"
视频

月季花成品图

改刀好假山所需要的材料，
并全部拉刀成片

将假山的材料拼摆成象形假山

完成作品

（2）学生根据教师示范步骤和教学要求，完成实训任务。

四、任务思考

（1）选择花卉类拼盘的原料时，应考虑选什么样的材料进行色彩搭配？请举例说明。

（2）通过学习冷拼"月季花"，思考冷拼"牡丹花"的制作方法是怎样的，并设计一款牡丹花主题拼盘。

任务十七　骏马奔腾

一、任务知识

1. 任务描述

在制作冷拼"骏马奔腾"时，选料一般以胡萝卜、青萝卜为佳。冷拼"骏马奔腾"由多种不同的食材组成，其中包括心里美萝卜、火腿、黄瓜、胡萝卜、虾等。本菜品以骏马为主题，搭配假山构造，采用不同刀法和拼摆技法，按照一定的次序和位置将原料拼摆成动物景观图案，突出骏马奔腾的主题，具有一定的观赏性和立体性。

2. 设计思路

"骏马奔腾"任务，主要目的是训练冷拼"骏马"制作。通过任务训练，学生能够对冷拼"骏马"的构造有一定的认识，通过前面知识点学习，能独立设计和构造主题拼盘，能合理正确地使用原料进行色彩搭配，造型美观，形态逼真。培养学生艺术设计审美和造型设计构思，熟悉骏马拼盘的制作方法和原则。

二、任务分析

1. 原料准备

胡萝卜半根、白萝卜半根、青萝卜半根、心里美萝卜半根、虾 4 只、火腿半根、西兰花 50 g、土豆泥 100 g、盐 50 g、水 100 g。

2. 工艺流程

土豆泥塑形→雕刻马的部件→改刀为拱形薄片→泡盐水腌制备用→拉刀法切片→拼摆成形。

3. 训练要领

（1）马的底坯要形象和美观，雕刻的马头和马腿部件与马的底坯应和谐，突出马的神态。

（2）构图设计原料色彩搭配要合理。

三、任务实施

（1）教师示范，操作步骤如图所示。

选择新鲜胡萝卜、白萝卜、青萝卜、
心里美萝卜、虾、西兰花、火腿等

需要的辅料：盐、水、土豆泥

提前用雕刻刀雕制马头、马脚备用

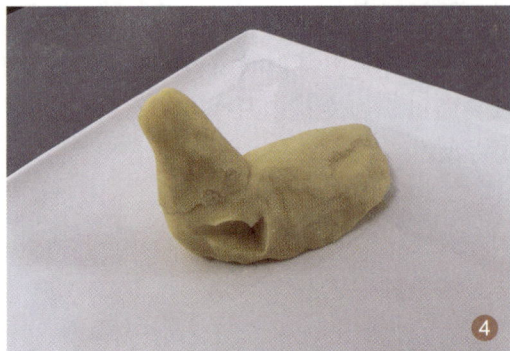

将准备好的土豆泥捏制成马身作为底坯

将马头、马脚安装到捏好的
马身上，并黏合好衔接口

将胡萝卜、青萝卜切段，改刀为拱形的
胡萝卜、青萝卜薄片，泡盐水腌制备用

用拉刀法依次将胡萝卜、青萝卜切片

胡萝卜片和青萝卜片用手指搓成毛发形状
拼摆马尾

切好的胡萝卜片分次铺盖在"马身"
底坯上直至全部铺盖好

骏马的成品图

改刀好假山所需要的材料，并全部拉刀成片

将假山的材料拼摆成象形假山

完成作品

"骏马奔腾"
视频

（2）学生根据教师示范步骤和教学要求，完成实训任务。

四、任务思考

（1）如何构思马的造型设计？如何对马头和马腿部件进行雕刻？

（2）如何设计一款以马为主题的拼盘？

任务十八　岭南醒狮

一、任务知识

1. 任务描述

在制作冷拼"岭南醒狮"时，可以醒狮头为主，以南瓜、白菜、假山等为辅，构成一幅花色冷拼图。醒狮又称瑞狮，是中国传统的民间表演艺术，它通过模仿狮子的动作来展示力量和威武，以唤醒民族的觉醒和威严。冷拼"岭南醒狮"任务训练，使学生能深入了解景观实物类冷拼的色彩搭配、造型设计等知识。学生通过对冷拼造型要求、构图设计规律、冷拼综合刀法的正确运用，为复杂花色景观图冷拼学习打下了坚实基础。

2. 设计思路

"岭南醒狮"任务，主要目的是训练醒狮主题冷拼设计制作。通过任务训练，学生能够对醒狮的构造有一定的认识，通过前面的知识点学习，能处理景观实物类冷拼设计构图方法和技巧，对造型元素大小和位置布局技巧有一定的认知。在设计上以醒狮头为主题融入南瓜、白菜等元素，有"普天同庆、丰收"等寓意，较好地呈现出醒狮的文化内涵，弘扬了中华优秀传统文化，让学生在学习冷拼的同时，能够体验到中华传统文化的博大精深。

二、任务分析

1. 原料准备

胡萝卜半根、白萝卜半根、心里美萝卜半根、虾4只、西兰花50 g、火腿半根、南瓜半块、青萝卜半根、土豆泥100 g、盐50 g、水100 g。

2. 工艺流程

主题拼盘内容设计→土豆泥捏制底坯→改刀为水滴形片、拱形片→泡盐水腌制备用→拉刀法切片→拼摆成形。

3. 训练要领

（1）捏制醒狮底坯时要注意形态比例大小和谐。

（2）醒狮毛发运用十字刀、蓑衣刀等综合刀法制作。

（3）主题构图色彩搭配合理，比例大小和谐。

三、任务实施

（1）教师示范，操作步骤如图所示。

胡萝卜、白萝卜、心里美萝卜、虾、
西兰花、火腿、南瓜、青萝卜等

需要的辅料：盐、水、土豆泥

将准备好的土豆泥捏制醒狮的底坯

取白萝卜切片，用十字刀法切制醒狮毛发，
泡盐水备用

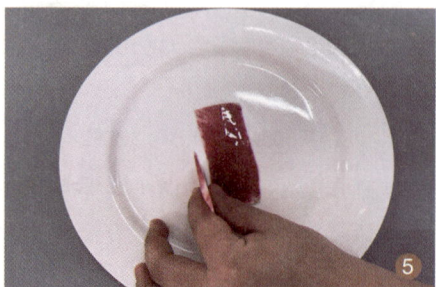

将心里美萝卜切段，
改刀为拱形片，泡盐水腌制备用

将白萝卜制成的醒狮毛发
铺盖在醒狮底坯上

醒狮成品图

取青萝卜、南瓜、心里美萝卜、
胡萝卜改刀成拱形状

用拉刀法切片做南瓜表皮备用，将南瓜
的材料分别由左到右铺摆成象形南瓜

取青萝卜改刀成水滴状，
白萝卜改刀成拱形状

用拉刀法切片做白菜叶子备用，将白菜
的材料分别由上到下分层铺摆成象形白菜

改刀假山所需要的材料，
并全部拉刀成片

将假山的材料拼摆成象形假山

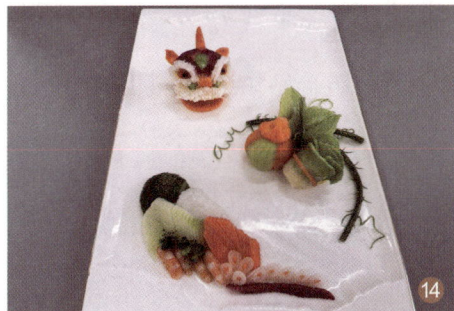

完成作品

"岭南醒狮"
视频

（2）学生根据教师示范步骤和教学要求，完成实训任务。

四、任务思考

（1）制作景观实物拼盘时应考虑选择什么样的原料进行色彩搭配？请举例说明。

131

（2）"醒狮"冷拼元素设计还可以和哪些实物搭配？

任务十九　春临大地

一、任务知识

1.任务描述

制作冷拼"春临大地"时，选料采用熟虾、烧肉、荷兰黄瓜、猴头菇等多种食材，冷拼"春临大地"以黄牛、白鹭、荷叶、假山等为素材拼制成菜，菜品以多样的色彩展现春回大地万象新，万物喜迎春天的欢乐景象。在拼摆过程中，注重色彩的平衡和其他物品的排布，使整个拼盘看起来更加精致，层次感更加分明，从而增加观赏性和趣味性。

2.设计思路

"春临大地"任务，主要目的是训练冷拼"黄牛"的制作。通过任务训练，学生能够对拼盘的构造有一定的认识，熟悉"春临大地"拼盘的刀法和拼摆手法的运用，培养学生能够根据原料进行位置和色彩布局设计，能够独立完成冷拼"春临大地"的制作。

二、任务分析

1.原料准备

红肠1根、烤肠1根、心里美萝卜1根、荷兰黄瓜2根、鸡蛋干2块、青萝卜2根、西兰花1朵、冬瓜皮5片、黄节瓜1根、紫胡萝卜1根、白萝卜1根、胡萝卜1根、火腿肠2根、熟虾40 g、烧肉35 g、猴头菇150 g、香芋120 g、澄面40 g、盐50 g、水100 g。

2.工艺流程

蒸芋泥→雕刻牛角、耳朵、鼻子、尾巴→芋泥塑形，贴牛毛→白萝卜改刀→泡盐水腌制→拉刀法切薄片→拼摆白鹭→拼摆假山→拼摆荷叶→点缀。

3.训练要领

（1）拼摆黄牛时要把握好牛毛发的长短和走向。
（2）拉刀时，萝卜片要厚薄均匀，厚度约为0.05 cm。
（3）假山部分刀工要细致，拼摆层次分明。

三、任务实施

（1）教师示范，操作步骤如图所示。

① 芋泥塑形成牛，猴头菇改刀，贴牛毛

② 芋泥塑形白鹭坯

心里美萝卜雕刻成白鹭头，白萝卜、
心里美萝卜、青萝卜改刀，泡盐水腌制

拉刀法将白萝卜切薄片成羽毛，
拼摆白鹭

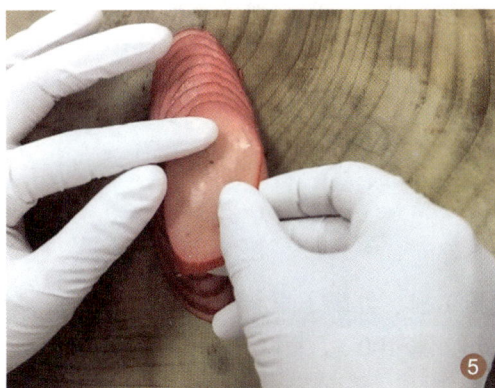

红肠、烤肠、鸡蛋干改刀成薄片，拼制假山，
西兰花、熟虾焯水改刀，烧肉改刀，点缀

青萝卜改刀成水滴状，拉刀法成薄片，
刷盐水抿开，拼摆成荷叶

"春临大地"
视频

冬瓜皮雕刻出凉亭、冬瓜字点缀即可

（2）学生根据教师示范步骤和教学要求，完成实训任务。

四、任务思考

（1）运用"春临大地"的拼摆手法还可以做成哪些冷拼菜品？

（2）制作冷拼"黄牛"的技巧是什么？

任务二十 锦绣中华

一、任务知识

1. 任务描述

制作冷拼"锦绣中华"时，选料一般以白萝卜、心里美萝卜、青萝卜、烤肠等为佳，冷拼"锦绣中华"是一道以戴胜鸟、月季花、假山和喇叭花为主要素材的冷盘，多用于中国传统节日和庆祝活动中。戴胜鸟象征幸福、美满、快乐，寓意千年伊始，戴胜如意；月季花寓意幸福美好和对未来的向往。本菜品在拼摆过程中，应注重色彩的平衡和其他物品的排布，使整个拼盘看起来更加精致，层次感更加分明，从而增加观赏性和趣味性。

2. 设计思路

"锦绣中华"任务，主要目的是训练冷拼戴胜鸟、月季花、喇叭花制作。通过任务训练，学生能够对"锦绣中华"拼盘的构造有一定的认识，体验传统文化的魅力，熟悉"锦绣中华"拼盘的刀法和拼摆手法的运用，培养学生能够根据原料进行位置和色彩布局设计，并能够独立完成冷拼"锦绣中华"的制作。

二、任务分析

1. 原料准备

心里美萝卜1根、白萝卜1根、青萝卜1根、烤肠1根、红肠1根、西兰花1朵、豆干1块、芋头半个、胡萝卜1根、青瓜1根、澄面50 g、盐50 g、水100 g。

2. 工艺流程

心里美萝卜、白萝卜改刀→腌制→拉刀法切片→拼摆月季花→拼摆喇叭花→鸟塑形→贴毛→拼摆假山→点缀。

3. 训练要领

（1）心里美萝卜、白萝卜要修成半圆形。
（2）切制时，心里美萝卜片、白萝卜片要厚薄均匀（厚度约为0.1 cm）。
（3）拼摆时要把握好花的盛开程度，多向外打开。
（4）鸟要塑好形，毛要贴顺。
（5）假山部分刀工要细致，拼摆层次分明。

三、任务实施

（1）教师示范，操作步骤如图所示。

选用新鲜的心里美萝卜、青萝卜、
白萝卜、胡萝卜、青瓜

需要的配料：盐、水、澄面

将心里美萝卜、白萝卜修成水滴形，拉薄片

将拉好的薄片刷盐水，软化后吸干水分

用心里美萝卜凹出花瓣造型，
拼出月季花的形状

用白萝卜片捏出扇形形状，吸干水分，
卷成喇叭花的形状

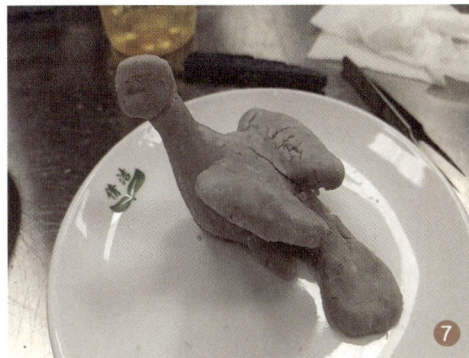

用芋泥加澄面，鸟塑形

将拉好刀的羽毛贴在鸟坯上

"锦绣中华"
视频

将其他原料切片摆成假山的造型，完成作品

Note

135

（2）学生根据教师示范步骤和教学要求，完成实训任务。

四、任务思考

（1）运用"锦绣中华"的拼摆手法还可以做成哪些冷拼菜品？

（2）制作月季花、喇叭花、戴胜鸟的技巧是什么？

主要参考文献

[1] 黄明超 . 粤菜烹饪教程 [M]. 广州：广东人民出版社，2015.

[2] 犀文图书 . 基础刀工入门 [M]. 北京：中国纺织出版社，2012.

[3] 喻成清 . 基础刀工应用图解 [M]. 合肥：安徽人民出版社，2007.

[4] 黄明超 . 中式烹饪工艺（粤菜）[M].2 版 . 北京：中国劳动社会保障出版社，2020.

[5] 思逸 . 刀工技艺 [M]. 杭州：浙江科学技术出版社，2017.

[6] 郑冬春，陈荣显，王瑞贤 . 烹调基本功训练 [M]. 四川：电子科技大学出版社，2022.

[7] 朱长征 . 烹饪基本功训练 [M]. 北京：中国劳动社会保障出版社，2018.

[8] 周启华 . 烹饪基本功 [M]. 北京：科学出版社，2015.

[9] 崔志权 . 中式菜肴制作中刀工的类型、训练方法与要点 [J]. 中国食品工业，2023，(19):88-90.

[10] 贾俊凯 . 浅谈刀工美化在中式烹调中的重要性 [J]. 现代食品，2023，29(02):78-80.

[11] 谭小敏 . 中式烹饪工艺实训（粤菜）[M]. 2 版 . 北京：中国劳动社会保障出版社，2020.

[12] 文歧福，韦昔奇 . 冷菜与冷拼制作技术 [M]. 北京：机械工业出版社，2011.

[13] 胡剑秋，赵福振 . 花色冷拼造型工艺 [M]. 重庆：重庆大学出版社，2019.

[14] 周毅，王俊光，周建龙 . 食品雕刻与冷拼 [M]. 武汉：华中科技大学出版社，2020.

[15] 赵福振 . 烹饪艺术与冷拼制作 [M]. 重庆：重庆大学出版社，2017.

华中科技大学出版社
http://press.hust.edu.cn

华中科技大学出版社
http://press.hust.edu.cn